燃煤电厂环保设施技术问答丛书

除灰除渣技术问答

大唐环境产业集团股份有限公司　编

中国电力出版社
CHINA ELECTRIC POWER PRESS

图书在版编目（CIP）数据

除灰除渣技术问答／大唐环境产业集团股份有限公司编 .—北京：中国电力出版社，2019.4（2022.6 重印）
（燃煤电厂环保设施技术问答丛书）
ISBN 978-7-5198-3081-6

Ⅰ.①除… Ⅱ.①大… Ⅲ.①燃煤发电厂—除灰—问题解答 ②燃煤发电厂—除渣—问题解答 Ⅳ.① X773.05-44

中国版本图书馆 CIP 数据核字（2019）第 071672 号

出版发行：中国电力出版社
地　　址：北京市东城区北京站西街 19 号（邮政编码 100005）
网　　址：http：//www.cepp.sgcc.com.cn
责任编辑：安小丹（010-63412367）
责任校对：黄　蓓　李　楠
装帧设计：王红柳
责任印制：吴　迪

印　　刷：三河市万龙印装有限公司
版　　次：2019 年 4 月第一版
印　　次：2022 年 6 月北京第二次印刷
开　　本：140 毫米 × 203 毫米　32 开本
印　　张：8 印张
字　　数：297 千字
印　　数：2001-3000 册
定　　价：45.00 元

编审委员会

序 言

习近平总书记在党的十九大报告中指出："必须树立和践行绿水青山就是金山银山的理念，坚持节约资源和保护环境的基本国策，像对待生命一样对待生态环境。"只有坚持绿色发展，才能建设美丽中国，解决人与自然和谐共生问题，实现中华民族永续发展。在习近平新时代中国特色社会主义思想的指引下，国家发改委、生态环境部、国家能源局联合印发了《煤电节能减排升级与改造行动计划（2014~2020年）》与《全面实施燃煤电厂超低排放和节能改造工作方案》，要求到2020年，全国所有具备改造条件的燃煤电厂力争实现超低排放（即在基准氧含量6%条件下，烟尘、二氧化硫、氮氧化物排放浓度分别不高于10、35、50mg/m^3）。截至2017年底，全国已实施超低排放改造的煤电机组装机容量累计达到7亿kW，占全国煤电机组容量的比重超过70%。与此同时，我国燃煤电厂环保技术实现重大突破，以超低排放为核心的环保技术呈现多元化发展趋势，急需行业标准化、规范化。

大唐环境产业集团股份有限公司（以下简称大唐环境）是中国大唐集团有限公司发展环保节能产业的唯一平台，一直致力于能源与环境、大气污染控制工程方面的研究和应用，在以超低排放为核心的环保设施改造过程中，积累了丰富的实践经验。公司自2004年成立以来，产业结构不断优化，影响力日益增强，知名度不断提高，在节能环保领域的影响越来越大，2016年在香港联交所主板上市，现已成为中国电力行业节能环保领域的主导者和领先者。

大唐环境以环保设施特许经营业务为主导，兼顾工程建设和产品制造的综合性环保节能产业结构布局，业务覆盖燃煤电厂脱硫脱硝、除尘除渣、粉尘治理，能源和水务等环保节能全产业链，同时涉足可再生能源工程等多个业务领域，并将业务拓展至印度、泰国、白俄罗斯等"一带一路"沿线国家。目前，公司拥有世界最大的脱硫、脱硝特许运营规模，拥有世界最大的脱硝催化剂生产基地，拥有国际领先的节能环保工程解决方案，荣获"十三五"最具投资价值上市公司——

中国证券金紫荆奖。

事以才立，业以才兴。大唐环境坚持人才强企战略，不断深化人才体制机制的改革创新，大力培育集团级首席专家和行业领军人物，打造由行业专家为学术带头人，由技术骨干为中坚力量，由青年人才为基础的，梯次合理、实力雄厚的科技创新团队。先后主导、参与编写了多项环保节能国家标准、行业标准以及国际标准。共获得专利授权673项，其中发明专利49项；取得技术成果30余项，其中取得技术鉴定证书13项，2项达到国际领先水平，8项达到国际先进水平。累计完成技术标准编制并发布11项，其中主编的国际标准1项、主编的国家标准1项，参编的国际标准2项。

不忘初心，不改矢志。大唐环境坚持"创新、协调、绿色、开放、共享"的发展理念，以创新的思维、开放共享的态度，用铁肩担起祖国节能环保建设的重任，组织公司各专业技术专家，编写了《燃煤电厂环保设施技术问答丛书》。该丛书涵盖了燃煤电厂脱硫、脱硝、除尘除渣、废水处理专业内容，内容全面，深入浅出，贴近现实，着眼未来，站在技术前沿，为环保污染物治理提供了很好的指导、借鉴作用。

此丛书可供火力发电厂脱硫、脱硝、除尘除渣、废水处理等运行检修人员阅读；可供从事电力生产管理、运行维护、检修改造等工作的技术人员、安全管理、工程监理人员学习使用；可作为高等院校环境工程、热能与动力工程、化学工程等专业师生的参考书；同时，也可供其他相关企业借鉴、参考。

2018 年 12 月于北京

前　言

　　《打赢蓝天保卫战三年行动计划》（国发〔2018〕22号）已由国务院发布。打赢蓝天保卫战，是党的十九大做出的重大决策部署，事关满足人民日益增长的美好生活需要，事关全面建成小康社会，事关经济高质量发展和美丽中国建设。治理大气污染的要求更加严格，电力行业污染物排放仍是国家关注的重点，污染物排放严格控制以及环保设施治理成本的增加使除灰、除渣行业的发展面临严峻挑战和考验。同时，随着环境保护要求的不断提高以及环保设施的改造，除灰、除渣设备运行维护也遇到了前所未有的新问题。面对新形势新任务，国内大批从事除灰、除渣行业的一线生产人员以及相关专业的在校师生，迫切需要一本结合理论基础知识和生产实际紧密的专业技术参考书。为此，大唐环境产业集团股份有限公司组织行业内经验丰富的专家、学者、工程技术人员等精心编写了这本《除灰除渣技术问答》。

　　本书采用问答的形式将复杂的问题分解成几个较小的问题来叙述和解答，浅显易懂，便于读者根据需要查阅参考。深入浅出，既有许多相关的基本知识，又有解决复杂疑难技术问题的分析方法和方案。涉及除灰、除渣基础知识、工艺原理、运行维护、事故处理等内容，结合实际，知识点全面，理论重点突出，操作性强。可供从事燃煤火力发电厂除灰、除渣管理、运维等生产人员学习使用，其他行业也可借鉴参考。

　　本书共六章，由王长清担任主编，苏琪担任副主编，王力腾担任主审。第一、二章由王长清、啜广毅、王铁军、孙钰、张彦婷、蔡晶、李志同编写；第三、四章由王力光、宋云鹏、张大军、张军强、曲红建、李蔚编写；第五、六章由苏琪、曹书涛、张瑞、曹新富、胡瑞清编写。王孔伟、张卷怀、卫耀东、王刚、王晓谦参加书稿的会审。

　　在本书编写过程中，查阅了部分设备制造商产品说明书、国内外参考文献、专业书籍，并引用了相关技术文件中的部分观点及资料。同时邀请国内知名电力设计院、科研院等相关专家以及多名电厂生产技术人员审阅，提出了大量宝贵的意见，在此深表谢意。

由于水平所限，加之时间仓促，书中存在的缺失和不足之处恳请广大读者批评指正。

编者
2019 年 2 月

目　录

第一章　除尘系统

第一节　概述

1.燃煤电厂锅炉燃烧产生的烟气污染物主要有哪些?

答：燃煤电厂锅炉燃烧产生的烟气污染物主要有烟尘、二氧化硫、三氧化硫、氮氧化物、重金属、可吸入颗粒物等。

2.燃煤电厂锅炉烟气有哪些特点?

答：燃煤电厂锅炉烟气有如下特点：

（1）排放烟气量大。

（2）烟气温度较高。空气预热器出口烟气温度一般为120~150℃，高的可达170~190℃。

（3）烟气有一定的湿度。按理论计算，一般为3%~7%，如烧含水分较多的褐煤，可达15%。

（4）含有腐蚀性气体。燃煤锅炉的烟气中一般都含有SO_2、NO_x等腐蚀性气体。

（5）烟气抬升高、扩散远。扩散距离可达几百甚至上千公里，对环境的影响较大。

3.燃煤电厂烟尘污染物有哪些危害?

答：燃煤电厂烟尘污染物有如下危害：

（1）影响人体健康。

（2）影响农作物生长，可造成农作物大幅度减产。

（3）造成设备腐蚀磨损，影响机组的安全运行。

（4）土壤水体酸化。

4.什么是除尘器?

答：除尘器是指从含尘气体中分离、捕集粉尘的装置或设备。

5. 什么是除尘效率?

答:除尘效率是指同一时间内,除尘器捕集到的粉尘质量占进入除尘器的粉尘质量的百分比(%)。

6. 什么是除尘器阻力?

答:含尘烟气在通过除尘器时,会产生能量损失,这种能量损失称为除尘器的阻力或压力损失,通常以除尘器进口断面与出口断面的气流平均全压之差来表示,单位是帕斯卡(Pa)。

7. 什么是除尘器漏风率?

答:除尘器漏风率是指除尘器出口烟气流量(标态)与进口烟气流量(标态)之差与进口烟气流量(标态)的百分比。

8. 什么是含尘浓度?

答:含尘浓度是单位体积气体中所含有的粉尘质量,单位为毫克每立方米(mg/m^3)。

9. 什么是除尘器压力降?

答:除尘器压力降是指除尘器进口断面与出口断面的气流平均全压之差,又称除尘器阻力或除尘器压力损失。

10. 我国对燃煤机组限定的烟尘排放指标是多少?

答:根据《火电厂大气污染物排放标准》(GB 13223—2011)规定,2014年7月1日起燃煤锅炉烟尘排放限值为$30mg/Nm^3$,重点地区火电燃煤锅炉烟尘排放限值为$20mg/Nm^3$,监测位置为烟囱或烟道。

2014年由国家发展改革委、环境保护部、国家能源局联合印发的《煤电节能减排升级与改造行动计划(2014~2020年)》中要求,东部地区新建燃煤发电机组大气污染物排放浓度基本达到燃气轮机组排放限值(即在基准氧含量6%条件下,烟尘、二氧化硫、氮氧化物排放浓度分别不高于10、35、$50mg/Nm^3$),中部地区新建机组原则上接近或达到燃气轮机组排放限值,鼓励西部地区新建机组接近或达到燃气轮机组排放限值。

响应国家规定的同时,多地区制定的地方性标准高于国家标准,要求烟尘排放限值不高于$5mg/Nm^3$。

11. 除尘器测点位置如何布置？

答：除尘器测点位置应选择在气流平稳的直线管道内，距弯头、变径管等干扰源下游方向大于6倍当量直径，上游方向大于3倍当量直径。位置选择时应优先考虑垂直管段，当条件受限不能满足上述要求时，应尽可能选择气流稳定的断面，并适当增加测点数量和测试频次。

第二节　电除尘器

1. 什么是电除尘器？

答：电除尘器是指利用高压电场对荷电粉尘的吸附作用，把粉尘从含尘气体中分离出来的除尘器。

2. 简述电除尘器的工作过程。

答：电除尘器的工作过程为：
（1）施加高电压产生电晕放电，使气体电离。
（2）粉尘荷电。
（3）荷电粉尘在电场力作用下向极性相反的电极移动。
（4）荷电粉尘被吸附到极板、极线上。
（5）将电极上的粉尘清除到灰斗中去。

3. 为什么电除尘器不能采用均匀电场？

答：对于均匀电场，由于电场中任一点的电场强度均相同，故当电位差增大到某一临界值（对于一个大气压下的空气而言，约为30kV/cm）时，电场中任意一点的电场强度也都增大到某一定值，以致使整个电场被击穿而发生火花放电的短路现象，不能形成电晕，因此电除尘器不能采用均匀电场。

4. 电除尘器是采用什么放电形式进行工作的？

答：电除尘器是采用阴阳两电极间的电晕放电进行工作的。

5. 什么是电晕放电，其特点是什么？

答：电晕放电就是带电体表面在气体或液体介质中局部放电的现

象，常发生在不均匀电场中电场强度很高的区域内（例如高压导线的周围，带电体的尖端附近）。

其特点为：出现与日晕相似的光层，发出"嗤嗤"的声音，产生臭氧、氧化氮等。

6. 电晕放电有几种形式？

答：电晕放电有正电晕和负电晕两种形式。若电晕极为负，则产生的电晕为负电晕；若电晕极为正，则产生的电晕为正电晕。

7. 工业电除尘器通常采用正电晕还是负电晕工作，为什么？

答：工业电除尘器通常采用负电晕工作。因为在相同电压下，通常负电晕比正电晕能形成较大的电晕电流，而且负电晕击穿电压也比正电晕的击穿电压高得多，保持电晕放电状态的电压范围较广，所以工业电除尘器几乎都采用负电晕工作。

8. 电除尘在什么情况下采用正电晕？

答：电除尘只有在空气净化的场合（如消除臭氧）才采用正电晕。

9. 什么是火花放电？

答：在产生电晕放电后，继续升高极间电压，当电压值到某一数值时，两极间产生一个接一个、瞬时的、通过整个间隙的火花闪络和噼啪声的现象，这种现象称为火花放电，其特点是电流急剧增加。

10. 简述粉尘的荷电过程。

答：在电除尘器阴极与阳极之间施以足够高的直流电压时，两极间产生不均匀电场，阴极附近的电场强度最高，产生电晕放电，使其周围气体电离。气体电离产生大量的负离子和正离子，在电场力的作用下向异极运动，当含尘烟气通过电场时，负离子和正离子与粉尘相互碰撞，并吸附在粉尘上，使中性的粉尘带上了电荷，实现粉尘荷电。

11. 什么是粉尘驱进速度？

答：粉尘驱进速度是指荷电粉尘在电场力作用下向阳极板表面运动的速度，是对电除尘器性能进行比较和评价的重要参数，也是电除尘器设计的关键数据。

12. 电除尘器效率公式是什么？

答：电除尘器效率公式为：

$$\eta = \left(1 - e^{-\frac{A}{Q}\omega}\right) \times 100\%$$

式中　η——除尘效率，%；

A——集尘极板的总面积，m^2；

Q——处理烟气量，m^3/s；

ω——粉尘的驱进速度，m/s。

13. 什么是有效驱进速度？

答：设计中的驱进速度称为有效驱进速度，它是根据集尘面积、处理烟气量和实测除尘效率由电除尘器效率公式推算出来的。

14. 什么是电除尘器的一次电压和一次电流？

答：电除尘器一次电压是指施加于高压硅整流变压器一次绕组的交流电压（有效值）。一次电流是指通过高压硅整流变压器一次绕组的交流电流（有效值）。

15. 什么是电除尘器的二次电压和二次电流？

答：电除尘器二次电压是指高压硅整流变压器施加于电除尘器电场的脉动直流电压（平均值）。二次电流是指高压硅整流变压器通向电除尘器电场的直流电流（平均值）。

16. 什么是电除尘器的伏安特性？

答：电除尘器的伏安特性是指二次电流与二次电压之间的关系曲线。

17. 什么是电除尘器的"电场"？

答：电除尘器的"电场"是指气流方向上的一级供电区域，由一组阳极和阴极以及专为其供电的高压电源组成。在电除尘器中，各电场可以并联布置，也可以串联布置。串联布置的各电场沿气流方向依次称为第一级电场，第二级电场，……，第n级电场。

18. 电除尘器的"室"是如何定义的？

答：电除尘器的"室"是指电除尘器中的纵向隔离分区，其内设有电场。当一台电除尘器具有两个（或两个以上）室时，各室平行排列。

19. 电除尘器的"台"是如何定义的？

答：所谓台就是具有一个完整的独立外壳的电除尘器，由一个或几个电场和室组成。

20. 什么是电除尘器内的烟气速度？

答：电除尘器内的烟气速度是指烟气流经电除尘器的平均速度，即单位时间内处理的烟气量和电场流通面积的比值，单位为m/s。

21. 什么是电除尘器的流通面积？

答：电除尘器的流通面积是指电场的有效高度与电场有效宽度的乘积。

22. 什么是电除尘器的有效高度？

答：电除尘器的有效高度是指有电场效应的阳极板高度。

23. 什么是电除尘器的有效宽度？

答：电除尘器的有效宽度是指电除尘器同性电极中心距与烟气通道数的乘积。

24. 什么是比集尘面积？

答：比集尘面积是指单位流量的烟气所分配到的集尘面积，它等于集尘面积与处理烟气流量之比，单位是$m^2/(m^3/s)$。

25. 影响电除尘器性能的主要因素有哪些？

答：影响电除尘器性能的因素很复杂，但大体上可以分为三大类：工况条件、电除尘器的技术状况和运行条件。这三者之中，工况条件为主要影响因素。其中，气流分布、粉尘比电阻、烟气温度、烟尘浓度等对电除尘器性能的影响最大。

26. 什么是二次扬尘？

答：在干式电除尘中，沉积在集尘极上的粉尘如果黏力不够，容易被通过电除尘器的气流带走，这就是通常所说的二次扬尘。

27. 什么是粉尘的比电阻?

答：粉尘的比电阻是衡量粉尘导电性能的指标，它对电除尘器性能影响最为突出。粉尘的比电阻在数值上等于单位面积的粉尘在单位厚度时的电阻值，单位为 $\Omega \cdot cm$。

28. 粉尘比电阻的变化对电除尘效率有何影响?

答：适于电除尘器处理的粉尘比电阻范围是 $10^4\sim10^{11}\Omega \cdot cm$。当粉尘比电阻低于 $10^4\Omega \cdot cm$ 时，除尘效率随着比电阻的降低而大幅降低，原因是其导电性能较好，达到集尘极表面后立即释放电荷，容易重返气流，除尘效果变差；当粉尘比电阻高于 $10^{11}\Omega \cdot cm$ 时，除尘效率随着比电阻的增高而下降，原因是易产生反电晕，降低除尘效果。

29. 什么叫作反电晕?

答：反电晕是指沉积在集尘极表面的高比电阻粉尘层内部的局部放电现象。

30. 什么是粉尘的黏附性，它对电除尘器有何影响?

答：粉尘的黏附性是指粉尘颗粒之间或颗粒与物体表面之间相互附着的性质。

粉尘的黏附性可使微细颗粒粉尘凝聚成较大的粒子，这有利于除尘。但黏附性强的粉尘会造成振打清灰困难，阴、阳极易积灰，不利于除尘。

31. 将电除尘器电极上附着的粉尘清除下来的方式及特点是什么?

答：将电除尘器上电极上附着的粉尘清除下来有两种方式：一种是通过冲击振动来剥离电极上的粉尘，这种方式收集的粉尘是干燥的，便于综合利用；另一种是利用液体（通常是水）的洗涤作用清除吸附在电极上的粉尘。

32. 干式电除尘器有哪些优点?

答：干式电除尘器有如下优点：
（1）除尘效率较高。
（2）阻力损失小。

（3）能处理高温烟气。

（4）处理烟气量大。

（5）对不同粒径的烟尘有分类富集作用。

33. 干式电除尘器有哪些缺点?

答：干式电除尘器有如下缺点：

（1）受操作条件变化的影响大。

（2）应用范围受粉尘比电阻的限制。

（3）不能用于捕集有害气体。

（4）对制造、安装和操作水平要求较高。

（5）钢材消耗量大，占地面积大。

34. 湿式电除尘器有哪些特点?

答：湿式电除尘器有如下特点：

（1）一般在饱和湿烟气条件下工作。

（2）借助水力清灰，不会产生二次飞扬。

（3）集尘性能与粉尘特性无关，能收集干式电除尘器不能收集的黏性大或高比电阻的粉尘。

（4）对于细小的粉尘颗粒、雾滴、气溶胶、金属颗粒等具有很强的捕集能力，可有效收集微细颗粒物（PM2.5粉尘、SO_3酸雾、气溶胶）、重金属（Hg、As、Se、Pb、Cr）、有机污染物（多环芳烃、二噁英）等。

（5）作为精处理设备在脱硫后使用，能够缓解湿法脱硫带来的石膏雨等问题。

（6）选材时必须考虑介质的腐蚀性。

35. 湿式电除尘器与干式电除尘器有何差异?

答：湿式电除尘器与干式电除尘器原理相同，都是通过使颗粒物荷电，借助静电力将颗粒物除去。不同点在于清灰方式不一样，干式电除尘器是通过机械或电磁振打方式将粉尘从电极上清除，湿式电除尘器是通过湿法（水）将粉尘从电极上清除。

36. 电除尘器主要由哪几大部分组成?

答：电除尘器主要由两大部分组成：一部分是电除尘器本体，另一部分是产生高压直流电的装置和低压控制装置。

37. 电除尘器本体主要部件有哪些?

答:电除尘器本体主要部件有:阳极系统(或称集尘极系统)、阴极系统(或称电晕极系统)、清灰装置、进出气口、气流均布装置、壳体、灰斗、支撑钢支架、辅助设施(包括楼梯平台、保温层、起吊装置)等。

38. 干式电除尘器的阳极系统主要由哪些零部件组成?

答:电除尘器的阳极系统由阳极板(又称集尘极板或沉淀极板)、上部悬挂装置及下部撞击杆(侧部振打)或上部振打砧梁(顶部振打)等零部件组成。它是粉尘沉积的主要部件。

39. 湿式电除尘器的阳极组件有哪些型式?

答:湿式电除尘器阳极组件主要有平板式、圆管式、方管式、蜂窝式。

40. 对干式电除尘器阳极板性能的基本要求是什么?

答:对阳极板性能的基本要求是:
(1)极板表面的电场强度分布比较均匀。
(2)极板受温度影响的变形小,并且有较好的刚度。
(3)有良好的防止粉尘二次飞扬的性能。
(4)振打力传递性能好,且极板表面的振打加速度分布较均匀,清灰效果好。
(5)与阴极之间不易产生闪络放电。
(6)在保证以上性能的情况下,重量尽可能轻。

41. 电除尘器阴极系统由哪几部分组成,有何特点?

答:阴极系统主要由阴极线(又称电晕线或放电线)、阴极框架、阴极吊挂装置等组成。由于阴极在工作时带高电压,因此,阴极与阳极及壳体之间应有足够的绝缘距离和绝缘装置。

42. 对电除尘器阴极线的基本要求是什么?

答:对阴极线的基本要求是:
(1)牢固可靠、机械强度大、不断线、不掉线。
(2)电气性能良好。

（3）伏安特性曲线理想。

（4）结构简单、制造容易、成本低。

（5）对干式电除尘器要求振打力传递均匀，有良好的清灰效果。

（6）对湿式电除尘器要求耐腐蚀。

43. 为什么要求湿式电除尘器阴阳极材质具有抗腐蚀性能？主要材质有哪些？

答：因为湿式电除尘器在脱硫后饱和湿烟气的环境中运行，且使用的冲洗水一般为工艺水或中水，所以在阴阳极系统的选材上需选用具有抗腐蚀性能的材料。

湿式电除尘器阳极板或阳极管材质可以选择316L不锈钢、2205双相不锈钢、导电玻璃钢、导电PP等材料。阴极线材质可以选择316L不锈钢、2205双相不锈钢、钛合金等材料。

44. 电除尘器的接地电极是阴极还是阳极？

答：电除尘器的接地电极是阳极，即集尘极。

45. 电除尘器清灰装置的作用是什么？

答：清灰装置的作用是清除黏附在电极上的粉尘，以保证电除尘器正常运行。

46. 对电除尘器振打装置的基本要求是什么？

答：对振打装置的基本要求是：

（1）应有适当的振打力。

（2）能使电极获得满足清灰要求的加速度。

（3）能够按照粉尘的类型和浓度不同，适当调整振打周期和频率。

（4）工作可靠，维护简便。

47. 电除尘器阴极振打装置与阳极振打装置相比有哪些异同？

答：阴极振打与阳极振打的振打原理基本相同，主要区别在于：阴极振打轴和振打锤带有高压电，所以必须与壳体及传动装置相对绝缘；由于每排阴极线所需振打力比阳极排小，故阴极振打锤相应比阳极振打锤轻。

48. 电除尘器的振打方式主要有哪两种？

答：电除尘器的振打方式主要有侧部挠臂锤振打和顶部电磁振打两种。

49. 湿式电除尘器的水冲洗方式有哪几种？

答：湿式电除尘器有两种水冲洗方式：一是连续冲洗，二是间歇冲洗。

50. 简述湿式电除尘器连续冲洗水系统的组成及主要设备。

答：连续冲洗因用水量较大，水系统一般由工艺水系统、排水系统、循环水系统、加药系统组成。系统主要设备有工艺水箱、工艺水泵、工艺水管道及阀门、排水箱、排水泵、排水管道及阀门、循环水箱、搅拌器、循环水泵、循环水管道及阀门、卸碱罐、加碱泵、碱液管道及阀门，以及pH计、流量计、液位计等组成。

51. 简述湿式电除尘器间歇冲洗水系统的组成及主要设备。

答：间歇冲洗用水量较小，水系统一般由排水系统、冲洗工艺水系统组成。系统主要设备有工艺水箱、工艺水泵、工艺水管道及阀、排水管道及阀门等。如湿式电除尘器在FGD塔上布置，则排水直接回塔，无排水系统。

52. 湿式电除尘器水系统管道主要分为哪几种？可以采用哪些材质？

答：湿式电除尘器水系统管道主要分为碱液管道、排水管道、冲洗水管道、循环水管道等。

碱液管道因介质pH值较高通常采用碳钢衬塑材料；排水管道因介质pH值较低通常采用碳钢衬胶或316L不锈钢材料；冲洗水和循环水管道可采用普通碳钢材料。

53. 电除尘器壳体的作用是什么？

答：电除尘器壳体的作用是引导烟气通过电场，支撑阴阳极和振打设备，形成一个与外界环境隔离的独立的集尘空间。

54. 对电除尘器壳体的要求是什么？

答：由于壳体是密封烟气、支承全部内部件重量及外部附加荷载的结构件，因此壳体的结构必须要有足够的刚度、强度以及气密性。此外，还要根据被处理的烟气性质，合理选择材料，使壳体结构具有良好的工艺性、经济性和耐腐蚀性。

55. 为什么要在电除尘器前烟道及进气喇叭口中加装气流分布装置？

答：烟气进入电除尘器一般都是从小断面的烟道过渡到大断面的电场内，所以需要在烟气进入电场前的烟道和电除尘器的进气喇叭口处加装导流板和气流分布板，使进入电场的烟气分布均匀。

56. 电除尘器的进口烟箱和出口烟箱通常采用什么结构形式？

答：电除尘器的进口烟箱通常采用渐扩式结构，出口烟箱通常采用渐缩式结构。

57. 为什么气流分布不均会造成电除尘器的效率下降？

答：气流分布不均意味着烟气在电场内存在高、低速度区，某些部位存在涡流和死角。由于在气流速度不同的区域内所捕集的粉尘是不一样的，这种现象造成在气流速度低的地方，除尘效率高，气流速度高的地方，除尘效率低，但流速低处所增加的除尘效率远不足以弥补流速高处除尘效率的降低。此外，高速气流、涡流会产生冲刷作用，使阳极板和灰斗的粉尘产生二次飞扬。因此，气流分布不均会造成除尘效率下降。

58. 我国采用何种方法进行电除尘器气流分布均匀性的评定？

答：我国采用相对均方根法进行电除尘器气流分布均匀性的评定。

59. 如何确定气流分布装置的结构形式和技术参数？

答：要解决气流分布均匀性问题，可通过工程经验、数模试验、物模试验等来确定气流分布装置的结构形式和技术参数。

60. 电除尘器的气流分布装置组成部件有哪些？

答：电除尘器的气流分布装置由分布板、导流板组成。

61. 电除尘器槽形板的作用是什么？

答：槽形板具有改善气流分布，抑制二次扬尘，对逸出电场的尘粒进行再捕集等作用，同时对提高除尘效率有显著作用。

62. 电除尘器电气系统主要由哪几部分组成？

答：电除尘器电气系统主要由高压供电装置、低压自动控制系统组成。

63. 电除尘器电气系统的作用是什么？用电设备包括什么？

答：电除尘器电气系统主要用于给电除尘器的用电设备供电，通过低压开关柜将进线总电源分配到各个用电设备。

用电设备包括高压电源、电加热装置、照明、检修电源等，湿式电除尘器还包括喷水水泵、电动阀门等。

64. 电除尘器高压控制柜内的电气一次设备有哪些？

答：电除尘器高压控制柜内的电气一次设备是由母线、主回路空气断路器、控制电源开关、晶闸管、晶闸管冷却风扇以及电流互感器等组成。

65. 电除尘器高压供电装置的作用是什么？

答：电除尘器的高压供电装置是根据烟气和粉尘的性质，随时调整供给电除尘器的最高电压，使之能够保持平均电压稍低于即将发生火花放电的电压（即伴有一定火花放电的电压）下运行，使电除尘器获得尽可能高的电晕功率，达到良好的除尘效果。

66. 电除尘器高压供电装置有哪些报警保护功能？

答：电除尘器高压供电装置有如下报警保护功能：
（1）输出开路保护。
（2）输出短路保护。
（3）输出欠压保护。
（4）偏励磁保护。
（5）输入过流保护。
（6）晶闸管开路保护。
（7）危险油温保护。
（8）重瓦斯保护。
（9）低油位保护。
（10）轻瓦斯保护。

（11）临界油温保护（大于45℃报警）。

67. 高压电源晶闸管控制有什么特点？

答：高压电源晶闸管控制有如下特点：

（1）将输入的低压交流电变成电除尘所需的高压直流电。

（2）可根据火花放电频率的变化，进行综合比较、运算，最后达到控制输出电压和火花频率的目的。

（3）具有很好的软启动性能，有脉冲封锁等保护功能，为电除尘器可靠运行提供了条件。

68. 高压隔离开关的主要功能是什么？

答：高压隔离开关的主要功能是隔离高压电源，以保证其他电气设备（包括线路）的安全检修。

69. 为什么不能切断负荷电流和短路电流？

答：因为高压隔离开关没有专门的灭弧结构，所以不能切断负荷电流和短路电流。

70. 高压进线系统由什么组成？

答：高压进线系统的组成有：

（1）高压隔离开关。

（2）阻尼电阻。

（3）穿墙套管。

（4）高压进线保护套管。

71. 电除尘器高压电源供电特性的控制方式主要有哪几种？

答：电除尘器高压电源的供电特性一直沿袭着三种主要的控制方式，分别为火花频率控制方式、最佳电压方式与间歇供电方式。

72. 电除尘器低压自动控制装置都包含哪几种？

答：电除尘器的低压自动控制装置主要包含对电除尘器的清灰装置（阴阳极的振打电机或喷水水泵）、绝缘子室的恒温进行自动控制的装置，以及对支撑电除尘器放电极的绝缘子、高压整流变压器等设备及维护人员的安全进行保护的装置。

73. 分散控制系统对系统电源部分的基本要求有哪些?

答:分散控制系统对系统电源部分的基本要求有:

(1)系统电源应设计有可靠的后备手段(如采用UPS电源),备用电源的切换时间应小于5ms(应保证控制器不再初始化),同时,系统电源故障应在控制室内设有独立于DCS之外的声光报警。

(2)UPS电源应能保证连续供电不低于30min,以确保安全停机、停炉的需要。

(3)采用直流供电方式的重要I/O板件,其直流电源应采用冗余配置。

74. 湿式电除尘器的控制系统由哪些设备组成?

答:湿式电除尘器控制系统由设备现场控制箱、控制柜(DCS或PLC)、上位机操作员站以及监测仪表等组成,设备现场设置操作箱可现场手动和远程自动控制。

75. 湿式电除尘器的控制系统有什么作用?

答:整个湿式电除尘器系统采用DCS或PLC+上位机的控制模式,实现湿式电除尘器的自动运行,并可通过操作员站进行实时操作调整系统运行。监测仪表为系统自动运行提供判断信号和监测参数。

76. 什么是工作接地?

答:工作接地是指将电力系统的如中性点直接接大地,或经消弧线圈、电阻等与大地金属连接,如变压器、互感器中性点接地等。为了保证电气设备在正常和事故情况下可靠工作而进行的接地称为工作接地。

77. 工作接地的作用是什么?

答:工作接地的作用:

(1)系统运行需要。

(2)降低人体接触电压。

(3)迅速切断故障设备。

(4)降低设计绝缘等级。

78. 什么是保护接地?

答:保护接地,是为防止电气装置的金属外壳、配电装置的构架和线路杆塔等带电危及人身和设备安全而进行的接地。所谓保护接地，就是将正常情况下不带电，而在绝缘材料损坏后或其他情况下可能带电的电器金属部分（即与带电部分相绝缘的金属结构部分）用导线与接地体可靠连接起来的一种保护接线方式。接地保护一般用于配电变压器中性点不直接接地的供电系统中，用以保证当电气设备因绝缘损坏而漏电时产生的对地电压不超过安全范围。

79. 对电除尘器的接地有什么要求？

答：要求电除尘器有良好的接地，其接地电阻一般不高于1Ω。

80. 为什么除尘器本体接地电阻不得大于 1Ω？

答：电除尘器本体外壳、阳极板以及整流变压器输出正极都是接地的，闪络时高频电流使电除尘器壳体电位提高，接地电阻越大，这个电位越高，会危及控制回路和人身安全。经验证明，接地电阻小于1Ω即能满足安全要求。

81. 电除尘器整流变压器及瓷套管之间绝缘电阻是多少？

答：高压硅整流变压器低压线圈和低压瓷套管的绝缘电阻不小于300MΩ；高压线圈、整流元件及高压瓷套管的绝缘电阻不小于1000MΩ。

82. 电除尘器电场内绝缘电阻是多少？

答：电除尘器电场内绝缘电阻不小于500MΩ。

83. 什么是电除尘器的"供电分区"？

答：电除尘器的"供电分区"是电除尘器电场的最小供电单元，具有独立的支撑绝缘系统，由独立电源单独供电。

84. 什么是电晕封闭？

答：在电除尘器的运行过程中，当烟气中的含尘浓度高到一定程度时，甚至能把电晕极附近的场强减少到电晕的起始值，此时，电晕电流大大降低，甚至会趋于零，严重影响了除尘效率，这种现象称为电晕封闭。

85. 什么是电晕线肥大？

答：电晕线肥大是指阴极线上沉积较多的粉尘，使阴极线变粗，而致电晕放电效果降低的现象。

86. 电晕线肥大的产生原因有哪些？

答：电晕线肥大的产生原因有：
（1）粉尘因静电作用产生附着力。
（2）电除尘器的温度低于露点，产生了部分水或硫酸，由于液体的黏附力而形成。
（3）粉尘的黏附性较强。

87. 电晕线肥大对电除尘器运行有哪些影响？

答：电晕线肥大对电除尘器运行的影响为：电晕线肥大使电晕放电的效果降低，粉尘荷电受到一定的影响，使电除尘器除尘效率降低。

88. 什么是"爬电现象"？

答：由于瓷轴和绝缘套筒密封不严而漏入冷空气（或加热器损坏而低于露点温度造成结露），从而温度下降出现冷凝水，套管因有冷凝水后在电场力作用下将空气击穿，对套管放电，这就是爬电。

89. 爬电现象有何危害？

答：爬电现象会损伤套管和产生腐蚀等后果，严重时会产生频繁闪络或拉弧、短路。

90. 如何避免爬电现象？

答：在运行当中要保证加热良好，保持绝缘支撑柱干燥，避免漏风。

91. 反电晕对电除尘器有何影响？

答：出现反电晕后，就会由集尘极板向集尘空间放出正电荷，放出的正电荷不但会中和带负电荷的粉尘，也抵消了大量的电晕电流，使粉尘不能充分荷电，甚至完全不能荷电，严重削弱了正常的除尘过程，造成除尘效率迅速下降。

92. 为消除高比电阻粉尘出现的反电晕现象，可采取哪些措施？

答：消除高比电阻粉尘出现的反电晕现象，可采取如下措施：

（1）对烟气进行调质，即向烟气中加入导电性好的物质，如三氧化硫、氨气等化学调质剂，或采用喷雾增湿等手段来降低粉尘的比电阻。

（2）改变对除尘器的供电方式，如采用脉冲供电。

（3）改进除尘器本体结构及清灰方式，如采用转动极板技术等。

93. 烟气调质技术的优点和缺点各是什么？

答：烟气调质技术的优点是：

（1）能够有效地降低粉尘比电阻，提高电除尘器对高比电阻粉尘的除尘效率。

（2）能够继续保留电除尘器低阻、高可靠性的特点。

烟气调质技术的缺点是：

（1）应用具有一定的局限性，不是所有的工况都适合使用，也会受烟气条件和粉尘性质的影响和制约，其对煤种、烟气条件的适应性往往需经理论分析后，再经试验来确定。

（2）投资高、系统结构复杂，运行不正常时，可能腐蚀设备，且会带来一定量的二次污染。

94. 转动极板技术的优点和缺点各是什么？

答：转动极板技术的优点是：

（1）由于阳极板一直处于旋转状态，因此阳极板能保持清洁，避免反电晕，有效解决高比电阻粉尘集尘难的问题。

（2）阳极板清灰均在非集尘区域完成，最大限度地减少二次扬尘。

（3）减少煤、飞灰成分对除尘性能影响的敏感性，增加电除尘器对不同煤种的适应性，特别是高比电阻粉尘、黏性粉尘。

（4）可使电除尘器小型化，占地少，适于老机组改造。

转动极板技术的缺点是：

（1）清灰刷磨损，清灰刷使用寿命存在不确定性。

（2）链轮易发生卡涩现象。

95. 什么是低低温电除尘技术？

答：低低温电除尘技术是指通过热回收器将电除尘器入口烟气温

度降至烟气酸露点以下使用的电除尘技术。

96. 低低温电除尘技术为什么可以提高除尘效率？

答：低低温电除尘技术能提高除尘效率的原因有：

（1）由于电除尘器内温度在烟气酸露点以下，烟气中大部分SO_3冷凝成硫酸雾并黏附在粉尘表面，粉尘比电阻得以大幅下降。

（2）由于烟气温度降低致使烟气量下降，比集尘面积也相应提高。

（3）由于电除尘器电场内烟气流速降低，增加了粉尘在电场的停留时间。

97. 烟尘浓度的增加对电除尘器的除尘效率有何影响？

答：电除尘器的除尘效率会因烟尘浓度的增加而降低。

98. 湿式电除尘器壳体采用碳钢材料时如何防腐？

答：湿式电除尘器壳体通常采用碳钢材料，内部湿介面采用不低于2mm厚的玻璃钢鳞片防腐。

99. 湿式电除尘器防腐前需满足哪些条件？

答：湿式电除尘器防腐前需满足如下条件：

（1）壳体内部焊接全部完成，且焊缝打磨符合防腐要求。

（2）壳体、进出口封头内部焊接预焊钢板全部完成，且焊缝满足强度要求。

（3）壳体外部、进出封头、灰斗底部等所有断焊、加强板焊接完成。

100. 湿式电除尘器防腐时的注意事项有哪些？

答：湿式电除尘器防腐时的注意事项有：

（1）环境温度在5℃以上，防腐钢板表面温度低于65℃，且空气湿度在85%以下。

（2）采取有效的防火防害措施。

101. 湿式电除尘器防腐验收有哪些检查项目？

答：湿式电除尘器需对防腐面层衬里最终检查，在面层鳞片硬化后进行以下最终检查：

（1）外观检查：目视、指触等确认无鼓泡、伤痕、流挂、凹凸、硬化不良等缺陷。

（2）漏电检查：使用高压电漏电检测仪全面扫描衬里面（速度为300~500mm/s），确认有无针孔缺陷（检查电压为4000V/mm）。

（3）厚度检查：使用磁性测厚仪按每2m²测一处确认衬里层的厚度，达到设计保证性能厚度。

（4）敲击检查：使用木制小锤轻击衬里层，根据有无异常声响确认衬里有无鼓泡或衬里不实。

102. 湿式电除尘器本体设备阻力一般为多少？

答：湿式电除尘器本体设备阻力（含进口均流装置及出口槽型板）一般在300Pa以内。如果出口安装了烟道式除雾器，则阻力需另加上烟道式除雾器阻力。

第三节　袋式除尘器

1. 什么是袋式除尘器？

答：袋式除尘器是利用滤袋的拦截阻留及烟尘的惯性碰撞、扩散作用，捕集烟气中粉尘的设备。

2. 袋式除尘器的过滤机理是什么？

答：袋式除尘器的过滤机理主要是含尘气体中粉尘的惯性碰撞、重力沉降、扩散、拦截和静电效应等作用。

3. 袋式除尘器的工作过程是什么？

答：袋式除尘器的工作过程是烟尘进入袋式除尘器后，滤袋表面拦截、沉积粉尘，当粉层达到一定厚度后，滤袋的阻力会上升、透气性下降，此时通过清灰使粉层剥落沉降，恢复滤袋的阻力，是周期性收集粉尘和清灰的工作过程。

4. 袋式除尘器的优点有哪些？

答：袋式除尘器的优点有：

（1）除尘效率高，一般达到99.9%以上，对细小颗粒粉尘捕集效率高。

（2）性能稳定，不受粉尘比电阻的影响。

（3）使用灵活，处理风量范围广，即可用于小型机组，也可用于百万千瓦机组。

（4）结构简单，运行稳定。

5. 什么是袋式除尘器的过滤面积？

答：袋式除尘器的过滤面积是指起滤尘作用的有效面积，单位为 m^2。

6. 什么是袋式除尘器的过滤风速？

答：袋式除尘器的过滤风速指含尘气体通过滤料有效面积的表观速度，单位为m/min。

7. 什么是袋式除尘器的清灰周期？

答：袋式除尘器的清灰周期是指袋式除尘器滤袋上一次清灰开始和下一次清灰开始的时间间隔。

8. 什么是袋式除尘器的脉冲时间？

答：袋式除尘器的脉冲时间又称电脉冲宽度，指外界要求脉冲阀动作的信号控制时间，一般为80~200ms。

9. 什么是袋式除尘器的脉冲间隔？

答：袋式除尘器的控制系统向脉冲阀发出的相邻两次启动信号的间隔时间称为袋式除尘器的脉冲间隔。

10. 袋式除尘器按滤袋形状如何分类？

答：袋式除尘器按滤袋形状分类如下：

（1）圆袋：大多数袋式除尘器采用圆形滤袋。

（2）扁袋：扁袋通常呈平板形或椭圆形。

（3）褶式滤筒：一体型设计，免除滤袋框架，大大缩短安装时间。

11. 袋式除尘器按清灰方式如何分类？

答：袋式除尘器按清灰方式分类如下：

（1）脉冲喷吹类。

（2）反吹风类。

（3）机械振动类。

12. 什么是脉冲喷吹袋式除尘器?

答：脉冲喷吹袋式除尘器是以压缩气体为清灰动力，利用脉冲喷吹机构在瞬间释放压缩气体，高速射入滤袋，使滤袋急剧鼓胀，依靠冲击振动和反向气流而清灰的袋式除尘器。

13. 脉冲喷吹袋式除尘器清灰原理是什么?

答：脉冲喷吹袋式除尘器清灰是利用压缩空气在极短的时间内高速喷入滤袋，同时诱导数倍喷射气流的空气，形成空气波，使滤袋由袋口至底部产生剧烈的膨胀和冲击振动，使积尘下落。

14. 脉冲喷吹袋式除尘器的基本结构组成是什么?

答：脉冲喷吹袋式除尘器基本结构组成如下：

（1）本体：上箱体、中箱体、花板、灰斗等。

（2）过滤系统：滤袋、袋笼等。

（3）清灰装置：分气箱、脉冲阀、喷吹装置等。

（4）烟气系统：进风烟道、排风烟道、导流板、进出口阀等。

（5）控制系统：温度、压力及差压变送器、PLC/DCS系统。

15. 固定喷吹脉冲袋式除尘器清灰工艺及优点是什么?

答：清灰时，压缩空气通过分气箱、脉冲阀、喷吹管、喷嘴对滤袋瞬间喷吹、引流，使滤袋迅速鼓胀、反吹，使粉层快速剥落达到清灰目的。

优点是：每个喷嘴对应一条滤袋，清灰作用较强，清灰效果较好，是目前清灰效果比较好的清灰方式。

16. 旋转喷吹脉冲袋式除尘器技术特点是什么?

答：旋转喷吹脉冲袋式除尘器技术特点是：

（1）清灰系统运行稳定可靠。

（2）清灰系统制造简单、安装方便。

（3）检修和更换滤袋更加方便，检修维护量少。

（4）清灰压力低，滤料的使用寿命相对延长。

（5）除尘器整体阻力低，运行成本低。

17. 脉冲袋式除尘器清灰压力设定值一般为多少？

答：固定喷吹脉冲袋式除尘器清灰压力设定值一般为0.2~0.4MPa，旋转喷吹脉冲袋式除尘器清灰压力设定值一般为0.085~0.1MPa。

18. 袋式除尘器预涂灰的作用是什么？

答：锅炉在点火投油阶段，如果事先不对滤袋进行处理，油烟经过滤袋时会造成油烟糊袋等对滤袋不可恢复的损伤。预涂灰是在滤袋表面上预先覆盖上一层灰层，来防止由于水汽油烟而导致糊袋。因此，每次锅炉点火前或当纯油燃烧时，需要对滤袋进行预涂灰，以保护滤袋。

19. 什么叫酸露点？

答：当燃用含硫的煤时，燃烧后形成的SO_x与烟气中的水蒸气结合成硫酸蒸汽，在一定的压力下，烟气中硫酸蒸汽的凝结温度称为酸露点。

20. 在袋式除尘器工程应用中如何考虑酸露点的影响？

答：在袋式除尘器工程应用中要确定所处理的烟气的酸露点，通过保温系统保证除尘器系统中烟气的温度在酸露点之上，以避免烟气中硫酸蒸汽凝结而对滤袋和设备造成腐蚀，以及避免滤袋粘灰不利于清灰。

21. 袋式除尘器处理湿度较高的烟气时需注意哪些问题？

答：袋式除尘器处理湿度较高的烟气时需注意如下问题：
（1）除尘器的温度至少比烟气露点温度高20℃。
（2）若烟气温度低于露点且相差不多，需将烟气先进行加热再进入除尘器。

22. 袋式除尘器工作温度低于酸露点温度时有何后果？

答：袋式除尘器工作温度低于酸露点温度时会发生如下后果：
（1）烟气中水蒸气易凝结成液体，粉尘润湿黏结，致使滤袋堵塞，导致除尘器清灰困难、阻力上升。

（2）会对设备造成腐蚀。

23. 滤袋失效的形式有哪些?

答：滤袋失效的形式有：不可恢复性堵塞失效、高温失效、腐蚀性失效、机械损伤失效。

24. 袋式除尘器滤料的后处理方式有哪些?

答：袋式除尘器滤料的后处理方式有：热轧、烧毛、热定型、浸渍处理、覆膜。

25. 对滤料进行浸渍处理的作用是什么?

答：对滤料进行浸渍处理的作用在于，使滤料获得一定的性能改善，如拒水防油、易清灰、抗氧化、抗腐蚀等。

26. 覆膜滤袋的特性是什么?

答：覆膜滤袋是将膨体聚四氟乙烯微孔滤膜用特殊工艺复合在除尘布袋基材上，既保持聚四氟乙烯所固有的高化学不乱性、低摩擦系数、耐高低温、防老化等，能抵抗微小颗粒，又有一般滤料无可相比的透气性、防水性等特性。与普通滤袋相比，覆膜滤袋可实现表层过滤，清灰后不改变孔隙率，除尘效率高；覆膜滤袋清灰周期长，可延长滤袋使用寿命。

27. 燃煤电厂常用滤料有哪些?

答：燃煤电厂常用滤料有PPS（聚苯硫醚）、PTFE（聚四氟乙烯）等。

28. PPS 滤料有哪些特性?

答：PPS滤料是目前在全球范围内燃煤电厂锅炉烟气除尘使用最广的一种滤料。PPS结构是聚苯硫醚，工作温度为120~160℃，具有可以抵御除强氧化性酸（如浓硝酸等）以外的其他大部分酸性物质，对于强碱的腐蚀也有很好的抵抗性，对除甲苯外的其他常用有机溶剂耐受性好等优点，但耐氧化性能差，分解速度随着使用温度的提高而加速上升。

29. 预防 PPS 材质滤袋发生氧化腐蚀的措施有哪些?

答：预防PPS材质滤袋发生氧化腐蚀的措施有：

（1）含氧量超过8%时报警。

（2）严格控制除尘器的漏风率。

（3）尽量控制烟气温度不超过160℃等。

30. 袋笼结构形状有哪些?

答：袋笼结构形状有圆形袋笼、椭圆形袋笼、扁形袋笼、星形袋笼等。

31. 为何电厂使用的袋笼要分节?

答：电厂使用的滤袋长度一般为6~8m，为了方便拆卸袋笼采用多节串联的结构，这样在拆装袋笼时可一节一节地拆装，避免袋笼过长给拆装带来的困难。

32. 多节袋笼的常见连接方式有哪些?

答：多节袋笼连接方式有卡盘式、连接环式和插节式等。

33. 袋笼的制作材料有哪些?

答：袋笼一般采用优质低碳钢丝、镀锌钢丝、不锈钢等材料制作，应根据烟气条件选择合适的材料，避免袋笼腐蚀，损坏滤袋。燃煤电厂使用的袋笼一般采用20号冷拔钢丝制作，表面喷涂有机硅。

34. 燃煤电厂袋笼的表面处理措施有哪些?

答：燃煤电厂袋笼的表面处理措施主要包括酸洗、磷化、有机硅静电喷涂和烘烤等。

35. 袋笼钢丝表面有机硅喷涂有何要求?

答：有机硅在袋笼钢丝表面要求喷涂均匀、牢固，且有一定的厚度。

36. 袋式除尘器花板需满足哪些要求?

答：袋式除尘器花板是固定滤袋和袋笼的主要支撑板，花板应平整光洁，不应有挠曲和凹凸不平等缺陷，花板与滤袋配合要紧固密封。花板安装焊接后，周围密封焊接，确保气密性，确保花板平面度。

37. 什么是脉冲阀?

答:脉冲阀是受电磁阀或气动阀等先导阀的控制,能在瞬间启、闭压缩气源产生气脉冲的膜片阀。

38. 袋式除尘器常用脉冲阀有哪几种形式?

答:袋式除尘器常用脉冲阀有直角式、淹没式和直通式三类。

39. 什么是脉冲阀喷吹气量?

答:脉冲阀喷吹气量是指脉冲阀一次喷吹所消耗的压缩空气量。

40. 简述淹没式脉冲阀的工作原理。

答:淹没式脉冲阀的工作原理是:膜片把脉冲阀分成前后两个气室,当接通压缩空气时,压缩空气通过节流孔进入后气室,此时后气室压力将膜片紧贴阀的输出口,电磁脉冲阀处于关闭状态。

控制器电信号使电磁脉冲阀衔铁移动,阀后气室放气孔打开,后气室迅速失压,膜片后移,压缩空气通过阀输出口喷吹,电磁阀处于开启状态。

控制器电信号消失,电磁脉冲阀衔铁复位,后气室放气孔关闭,后气室压力升高使膜片紧贴出口,电磁脉冲阀又处于关闭状态。

41. 什么是袋式除尘器的分气箱?

答:袋式除尘器的分气箱是充装压缩空气供脉冲喷吹用的容器。

42. 固定喷吹脉冲袋式除尘器如何防止喷吹气流损坏滤袋?

答:若喷吹孔喷出的气流是倾斜的,气流会冲破滤袋造成气流短路和排放浓度超标,为防止此现象发生,应在喷吹管上安装短管或诱导器等,引导喷吹孔喷出气流垂直朝下,防止喷吹气流偏心现象的发生。

43. 固定喷吹脉冲袋式除尘器清灰用压缩空气需满足什么要求?

答:固定喷吹脉冲袋式除尘器需要压缩空气作为清灰气源,对压缩空气中含尘、含水和含油量要求达到如下指标:

（1）含尘量:三级,5 μm,浓度<5mg/m^3。

（2）含水量:三级,露点-20℃。

（3）含油量：五级，25mg/m^3。

44. 压缩空气不达标时对袋式除尘器会产生什么后果？

答：当压缩空气质量不达标时，喷吹时进入滤袋的气流含水、含油量相对增加，一旦油、水进入滤袋，将贴附堵塞部分过滤面积，导致袋式除尘器阻力加速上升。此外，压缩空气中油、水含量大，也会加速脉冲阀内弹簧、膜片等的锈蚀，使脉冲阀在短时期内失效。

45. 袋式除尘器气流分布板的材质应满足什么要求？

答：袋式除尘器气流分布板应能承受烟气气流的冲击，并具有一定的耐磨性，宜采用16Mn钢板或其他耐磨材料作为气流分布板的制作材料，钢板的厚度宜在3~5mm之间。

46. 紧急喷水降温系统的作用是什么？

答：紧急喷水降温系统是为了防止锅炉出口烟气短期超温，产生烧袋现象而采取的烟气降温安全保护措施。

47. 紧急喷水降温系统雾化喷嘴需满足哪些要求？

答：雾化喷嘴是紧急喷水降温系统中最关键设备。根据燃煤锅炉烟气特性、电厂现场条件，雾化喷嘴及其系统应能满足如下要求：
（1）水雾化粒度大小应能满足水滴在较短烟道内快速、完全蒸发。
（2）喷水均匀，不湿壁，使烟道内温度场均匀。
（3）耐磨性、耐腐蚀性好。

48. 什么是电袋复合除尘器？

答：电袋复合除尘器是指电除尘和过滤除尘机理有机结合的一种复合除尘器。

49. 电袋复合除尘器的特点是什么？

答：电袋复合除尘器有机结合了静电除尘和布袋除尘的特点，具有效率高、稳定、滤袋阻力低、寿命长等优点。

第二章　除尘系统的运行维护

第一节　概述

1. 在当班检查期间遇雷暴雨天气时应怎样确保自身安全？

答：在当班检查期间遇雷暴雨天气时，应采取如下措施确保自身安全：

（1）开关室、电气间等有电区域检查时应注意安全，保持安全距离。

（2）手湿状态下禁止触摸电气开关和照明开关等带电设备。

（3）如遇雷暴天气可适当调整检查时间，待天气好转后再安排巡检工作。

（4）如必须进行巡检和操作工作，应安排两人同行，并带好通信工具（注意使用通信工具时的防雷击工作），发生异常情况及时联系汇报。

2. 电气安全用具有哪些？

答：电气安全用具有：绝缘安全用具（绝缘靴、绝缘手套、绝缘操作杆、绝缘钳）、验电器、突然来电防护用具、临时地线、标示牌、高处作业安全用具（登高板、脚扣）及其他安全用具。

3. 除尘器本体及其附属设备常规运行检查的要点是什么？各自的检查频率是多少？

答：除尘器本体及其附属设备常规运行检查的要点和各自的检查频率分别是：

（1）各人孔门是否严密，每周检查一次。

（2）壳体是否存在较大漏风（负压有声响，正压时冒烟气），每月检查一次。

（3）保温及外护板是否脱落，每月检查一次。

（4）楼梯平台是否牢固，每月检查一次。

4. 除尘器灰斗部位常规运行检查的要点是什么？其频率是多少？

答：除尘器灰斗部位常规运行检查的要点是：灰斗有无堵灰；电加热是否正常，或加热蒸汽管是否泄漏。

频率为每班两次。

5. 灰斗堵灰或输灰不畅对除尘器有哪些影响？

答：灰斗堵灰或输灰不畅将使灰斗灰位上升，导致灰斗内的存灰超过标准值；灰斗内的粉尘有可能出现结拱的现象，造成排灰困难；堆灰严重时甚至会造成灰斗脱落或除尘器坍塌。

除此之外，堵灰严重对电除尘器会造成电场短路、阳极板变形、振打轴断裂等故障，使电除尘器效率降低；堵灰严重对袋式除尘器将会造成滤袋堵塞、滤袋破损等故障，使袋式除尘器阻力增大或粉尘排放不达标。

6. 除尘器出现灰斗不下灰现象的主要原因是什么？如何处理？

答：除尘器出现灰斗不下灰现象的主要原因是：

（1）有异物将出灰口堵住。

（2）由于灰的温度过低而结露，形成块状物。

（3）输灰系统故障。

处理方法是：

（1）取出异物。

（2）检查灰斗保温、加热、流化风系统，保证正常运行。

（3）检查排灰阀等输灰系统，保证正常运行。

7. 灰斗紧急卸灰时需注意哪些问题？

答：在打开灰斗人孔和卸料口进行强制排灰时，由于灰斗内的大量存灰快速外喷排出，容易将附近的人员埋没或烫伤造成人员伤亡，因此排放灰时，要求无关人员远离出灰口，操作人员做好安全防护措施，避免造成伤亡。

8. 灰斗蒸汽加热系统在运行时如何调节？

答：灰斗蒸汽加热系统在运行时的调节方法为：当环境温度低时，需增加灰斗的加热蒸汽量，尤其是对后级电场的灰斗尤为重要。当汽源有限时，因前级电场输灰量较大，所携带热量较大，可酌情减少前级电场的灰斗加热蒸汽量。

第二节　电除尘器的运行维护

1. 在锅炉启动初期的投油或煤油混烧阶段电除尘器为什么不能投电场？

答：因为在锅炉启动初期的投油或煤油混烧阶段，烟气中含有大量的黏性粒子，如果此时投电场运行，这些粒子将大量黏附在极板和极线上，不仅很难通过振打清除，还具有腐蚀性。

2. 为什么锅炉运行期间不能解列电除尘器？

答：锅炉运行期间不能解列电除尘器的原因有：

（1）防止磨损下游设备。

（2）减少环境污染。

3. 电除尘器启动前应做什么准备？

答：电除尘器启动前应做如下准备：

（1）确认电除尘器内无人，所有人孔门已关闭，高电压区域内无人，高压隔离开关的刀闸已置于运行档上。

（2）提前4~8h启动热风清扫装置（或加热装置），对绝缘子室的瓷套管、支柱绝缘子、电瓷转轴通风加热，防止结露、爬电击穿。

（3）使灰斗加热设备投入工作，去除灰斗内壁的湿气。

（4）锅炉点火前2h启动电除尘器阳极和阴极的振打装置，除去附在电极上的粉尘。

（5）启动主风机，对电场内电极系统进行预热干燥。

（6）投入高压电源。

（7）根据本厂电除尘器高低压供电系统、高压整流控制柜的具体操作步骤和要求进行操作。

4. 投运电除尘器对高压回路绝缘电阻阻值的要求是什么？测量阻值所用仪器是什么？

答：电除尘器高压回路的绝缘电阻阻值应大于$1000M\Omega$时方可投运电除尘器。测量高压回路绝缘电阻应选用2500V的绝缘电阻表。

5. 电除尘器冷态空载升压试验应禁止在什么天气进行？

答：电除尘器冷态空载升压试验应禁止在雨天、雾天、大风天进行。

6. 电场的启动操作步骤是什么？

答：电场的启动操作步骤是：

（1）合上高压控制柜空气断路器，送上电源。

（2）按照工况情况选择合适的控制方式。

（3）将电流极限值调至较小位置。

（4）按启动按钮，将转换开关切至"手动升"位置，观察电场电压、电流的上升过程，上升正常后将转换开关切至"自动"位置，并逐步开放"电流极限"。

（5）当环境温度高于25℃或晶闸管元件发热严重时就应开启晶闸管冷却风扇。

（6）操作完毕应对电除尘器高、低压电气设备巡回检查各一次。

7. 电除尘器启停操作中有什么注意事项？

答：电除尘器启停操作中的注意事项有：

（1）整流变压器禁止开路运行，启动操作前应保证高压回路完好，一旦发现开路运行，应立即手动降压停机，并严禁在运行中操作高压隔离开关。

（2）为了减少设备冲击，停机操作时宜手动降压后再分闸，应避免在正常运行参数下直接人工分闸。

（3）从安全考虑，在正常启动前应先完成电除尘器所有电场的高压侧操作检查，停机操作改为检修状态，一般应在所有电场低压侧电源均切除情况下再进行高压回路操作。

8. 电除尘器及其附属设备接地有什么要求？

答：电除尘器应设置专用接地网，每台除尘器本体外壳与地线网连接点不得少于6个，接地电阻不大于1Ω。整流变压器室和除尘器控制室的接地网必须与除尘器本体接地网连接，高压控制柜可靠接地，高压整流变压器接地端应与除尘器接地网可靠连接。

9. 简述高压整流电源的送电程序。

答：高压整流电源的送电程序是：

（1）将各电场高压隔离开关置于"工作"位置。

（2）合上高压整流变压器控制柜的隔离开关，空气断路器。

（3）将电压调节旋钮调至零位。

（4）开启控制柜上控制电源的锁，按下启动按钮。

（5）将电压调整器旋钮调到"自动"升压位置，电压逐渐升到最高值。

（6）根据烟气工况调整二次电压电流使其运行在最佳状态。

10. 电除尘器高压供电设备中常用的控制方式有哪几种？

答：电除尘器高压供电设备中常用的控制方式有：火花跟踪控制、火花强度控制、临界火花控制、浮动式火花控制、最高平均电压控制、间歇供电控制和反电晕检测控制等。

11. 电除尘器高压电源哪些值的调整对控制特性有影响？

答：电除尘器高压电源如下值的调整对控制特性有影响：

（1）火花、电弧灵敏度的调整。

（2）闪络封锁宽度和深度的调整。

（3）间幅大小和占空比的调整。

（4）电流极限和临界火花电流值的调整等。

12. 电除尘器绝缘子的加热控制方式有哪些？

答：电除尘器绝缘子的加热控制方式主要有连续加热控制、恒温加热控制和区间加热控制等。

13. 烟气条件较好时怎样选择控制方式，采取何种方式可获得较好的除尘效果？

答：烟气条件较好，包含含尘浓度较小（$10g/Nm^3$以下）、粉尘比电阻偏低或运行工况稳定，应选择临界火花控制、最高平均电压控制或浮动式火花控制等方式。采取降低电压上升率和火花频率（0~5次/min）可获得较好的除尘效果。

14. 烟气条件适中时怎样选择控制方式，采取何种方式可获得较好的除尘效果？

答：烟气条件适中，包含含尘浓度适中（$10~30g/Nm^3$）、中比电阻或运行工况较稳定，应选择火花跟踪控制、火花强度控制或最高平均电压控制等方式。采取适当调整火花频率（5~10次/min）可获得较好的除尘效果。

15. 烟气条件较差时怎样选择控制方式，采取何种方式可获得较好的除尘效果？

答：烟气条件较差，包括含尘浓度高（30g/Nm³以上）、粉尘比电阻偏高或运行工况不稳定，应选择间歇供电控制或反电晕检测控制等方式。采取适当提高电压上升率和火花频率（10~15次/分）可获得较好的除尘效果。

16. 电场投运前须完成加热及振打投运的一般程序是什么？

答：电场投运前须完成加热及振打投运的一般程序是：

（1）在锅炉点火前24h投入灰斗加热装置，以防冷灰斗结露或落灰受潮后堵灰。

（2）在电场投运前4~8h，投入绝缘子加热装置（含热风吹扫系统），避免绝缘件结露爬电。

（3）锅炉点火前2h投入振打装置。

17. "电流极限"的概念是什么？

答：供电装置中"电流极限"或称"输出限制"调节旋钮，其实质是设定二次电流允许的最大值，当它正常起作用时，不管工况如何变化，甚至电场短路，供电装置输出二次额定电流不会超过该值，故称"电流极限"。

18. "电流极限"的设定范围是多少？

答："电流极限"的设定范围一般为额定电流的20%~100%。

19. "电流极限"的作用是什么？

答："电流极限"的作用有两种，一种为对参数的调节作用，如在一定范围内使用"电流极限"可起到定电流工作，常用来对末级电场电流进行限制；另一种为辅助保护作用，当电场发生短路时保护变压器不过载。

20. "最佳火花率"的概念是什么？

答：火花率为每分钟内电场发生闪络的次数，至于最佳火花率，则意味着对于一台工况相对稳定的电除尘器，存在一组合适的火花率，能够使电场除尘效率达到最佳，这组火花率称为电场的"最佳火花率"。

21. 瓷套管内壁积灰严重对除尘器有什么影响？

答：若瓷套管内壁积灰严重，容易引起放电，造成除尘效率下降。

22. 电除尘器内部的绝缘部件有哪些？

答：电除尘器内部的绝缘部件有：绝缘子室中起支撑高压引入作用的支撑绝缘子、绝缘套管或支撑绝缘套管；与阴极振打机构起电气高压隔离、机械连接双重作用的电瓷转轴或电瓷连杆。

23. 电除尘器在运行当中应注意哪些事项？

答：电除尘器在运行当中应注意的事项有：

（1）运行中严禁操作高压隔离开关。

（2）高压硅整流变压器不允许开路运行。

（3）严禁打开人孔门，安全连锁必须可靠。

（4）锅炉在纯投油阶段或油煤混烧时（投油枪4支以上），不得投入高压电场，以防电极污染。

（5）雨、雪天进行巡回检查时，必须穿绝缘鞋，并远离高压设备。

（6）运行中严禁触摸高温裸露部分，以防灼伤。

（7）电除尘器进行电气设备的操作必须遵守《电力安全工作规程》的有关规定。

24. 电除尘器运行安全技术规程中要求运行必须记录的内容有哪些？

答：电除尘器运行安全技术规程中要求运行必须记录的内容有：

（1）每1~2h记录一次二次电压、电流值及除尘器运行温度值。

（2）每班记录二次整流变压器温度。

（3）电除尘器所有开、停操作记录。

（4）异常情况及设备缺陷记录。

（5）接地线装、拆记录。

（6）警告牌挂取记录等。

25. 电除尘器遇到何种情况应停机处理？

答：电除尘器遇到如下情况应停机处理：

（1）整流变压器、电抗器发热严重，已过正常允许值。

（2）晶闸管元件冷却风扇故障而元件发热严重。

（3）各种电缆头，尤其是主回路电缆头、整流变压器、电抗器进线处接头发热严重。

（4）电场内部异极距严重缩小，电场持续拉弧。

（5）整流变压器及电抗器发热严重，电抗器温升超过65℃，整流变压器温升超过40℃或设备内部有明显的闪络、拉弧、振动等。

（6）阻尼电阻起火。

（7）高压红外线部件闪络严重，高压电缆头闪络放电。

（8）供电装置失控，出现大的电流冲击。

（9）电气设备起火。

（10）其他严重威胁人身与设备安全的情况。

26. 如何进行电除尘器的空载升压试验？

答：电除尘器的空载升压试验应按如下要求进行：

（1）检查本体、机械及电气部分符合运行条件。

（2）各加热器已按要求投入运行。

（3）确认各人孔及检查孔门关闭严密，电除尘器本体处无闲杂人员。

（4）空升前的各项安全措施已做好。

（5）各电场高压隔离开关已打至"电场"位置。

（6）合上主回路的断路器，并送上控制电源，设定好参数，然后开始按控制器面板上的运行/停机键，升压开始，注意观察一次电压、电流、二次电压、电流指示值的变化情况，并检查晶闸管整流变压器有无异常情况，若出现异常立即停运。

（7）详细记录各参数。

27. 在各电场运行中，火花率最大的是第几电场？

答：在各电场运行中，火花率最大的是第一电场。

28. 变压器运行中的检查项目有哪些？

答：变压器运行中的检查项目有：

（1）变压器的油枕（储油柜）和充油瓷套管的油色、油位均应正常，且不渗漏油。

（2）变压器的瓷套管外部应清洁光亮，无破损裂纹、放电痕迹及异常现象。

（3）变压器运行声音正常，本体各部无渗漏油现象，吸湿器应完好无损，硅胶应干燥，且颜色正常。

（4）变压器各部温度应正常，各冷却器或散热片温度应正常，无渗漏油现象。

（5）变压器引线接头、电缆、母线均应无过热现象。

（6）变压器的防爆管、防爆薄膜均应完好无损（采用释压器的变压器，应检查无动作信号发出）。

（7）变压器气体继电器无气体，继电器与储油柜连接阀门应打开，气体继电器应无渗漏油现象。

29. 高压控制电源在运行中有哪些检查项目及要求？

答：高压控制电源在运行中有如下检查项目及要求：

（1）支撑绝缘子、断口绝缘子应完整，无破损裂纹及电晕放电现象。

（2）断路器出线、接线板及断口之间连线无过热、变形及松脱现象。

（3）断路器与操作机构位置指示应对应，且和控制室电气位置指示一致。

（4）机构箱内各电气元部件应运行正常，工作状态应与要求一致。

（5）机械部分应无卡涩、变形及松动。

（6）小车开关的一、二次插头接触良好。

（7）二次部分及断路器的外观应清洁、完整，无杂物、无破裂、无放电现象。

（8）低温时应注意加热器的运行。

（9）相间的绝缘隔板完整无损。

30. 电场的停运操作步骤是什么？

答：电场的停运操作步骤是：

（1）将设备复位或将电场电压、电流下降至一定值后分闸。

（2）切断控制电源，高压控制柜空气断路器切至"分"位置。

（3）如果设备改为检修状态，应拉开电源隔离开关，挂好警告牌。

（4）将高压隔离开关改为检修位置。

31. 电除尘器停机的注意事项有哪些?

答：电除尘器停机的注意事项有：

（1）电除尘器停机时将高压整流控制手动降压，待欠压保护动作后停止高压整流装置运行。然后断开电源断路器和主回路断路器，将电场高压隔离开关置于接地位置。

（2）电场停电后，热风吹扫系统（或加热装置），振打机构继续运行，直到电极积灰清理干净，振打装置方可停止工作，灰斗内的积灰全部卸空。

（3）当电除尘器需大、中修而长期停机时，振打装置至少连续工作4h，随后热风吹扫系统停止工作。灰斗内的积灰全部卸空。电场内加接地棒接地，保持现场整洁，做好停机记录。

32. 电除尘器停机时的检查部位及检查项目有哪些?

答：电除尘器停机时的检查部位及检查项目有：

（1）进出口：检查进出口烟道积灰情况，导流叶片、多孔板磨损情况。

（2）阴极系统：检查阴极线积灰情况、框架牢固程度、振打砧振打位置及磨损情况。

（3）阳极系统：检查极板积灰情况、吊梁变形情况、撞击杆、振打砧振打位置及磨损情况。

（4）振打装置（机械振打）：检查传动装置运行是否正常、振打轴是否变形、锤头振打位置情况、轴承磨损情况。

（5）灰斗：检查喇叭口内积灰情况，若是低低温电除尘器，还应检查腐蚀情况。

（6）保温箱：检查瓷套管、瓷绝缘子有无破损情况，热风管有无磨损、腐蚀等情况。

（7）热风吹扫：检查电阻加热器、风机及传动电机、管道、调节阀是否运行稳定。

（8）壳体：检查梁柱、支座侧墙板磨损、变形情况。

（9）接地系统：检查接地极、接地母线、接地干线是否接地良好。

（10）电源装置：检查高压整流变压器、阻尼电阻、放电电容、高低压控制柜、反馈电阻、高压取样电阻、自动调压装置、高压隔离开关运行是否良好。

33. 高压整流电源的停电程序是怎样的?

答：高压整流电源的停电程序是：

（1）将电压调整器旋钮调至"自动降"位置，待输出电压降到零后，按停止按钮。

（2）断开控制柜中空气断路器及电源隔离开关。

（3）将控制柜上电源锁转向"断"位置。

（4）将高压隔离开关拨在接地位置。

34. 在何种情况下操作人员可进入电除尘器电场内工作?

答：当电除尘器内部温度低于40℃以下时，阴极部位良好接地后，操作人员方可进入电场内工作。

35. 电除尘器值班人员的主要职责是什么?

答：电除尘器值班人员的主要职责是：

（1）定期了解设备负荷、检查烟气温度及绝缘子室的热风系统是否正常。

（2）检查所有电动机的温升和减速机的润滑。

（3）检查各灰斗下灰情况。

（4）巡回检查各类振打装置的工作是否正常。

（5）在操作室检查或调整二次电压及电流值，使其工作处于最佳值。

（6）按规定时间记录各电场电压、电流和其他有关运行参数。

（7）分析、排除各类设备故障。

36. 电除尘器正常维修的主要内容有哪些?

答：电除尘器正常维修的主要内容有：

（1）清除绝缘件上积灰。

（2）对所有传动件加一次润滑油。

（3）测量一次电压自动调整器的工作情况。

（4）对晶闸管冷却风扇加一次机油。

（5）及时清扫高压控制柜及电压自动调整器内部积灰，检查接触器开关、继电器线圈、触头的动作是否可靠。

（6）检查电阻、加热元件、测温元件。

（7）更换整流变压器呼吸的干燥剂，进行整流变压器油压试验，其击穿平均值大于35kV/2.5mm。

（8）测量电除尘器的接地电阻，整流变压器工作接地与电控装置接地电阻不大于1Ω。

（9）若电除尘器停运时间较长，需要采取措施防止电场内部生锈。

（10）对电除尘器壳体、整流变压器外壳、高压电缆外皮、电缆头和各控制盘铁构架、钢网门等接地部分进行检查，确保无松动、无严重锈蚀。

（11）根据说明书要求，对电气设备进行检查维护。

37. 电除尘器高压设备大修的主要内容有哪些？

答：电除尘器高压设备大修的主要内容有：

（1）整流变压器解体检修。

（2）电抗器解体检修。

（3）变压器、电抗器绝缘油耐压试验，测量绝缘电阻。

（4）高压隔离开关及操作机构。

（5）高压引线、阻尼电阻、绝缘套管、加热元件及所有绝缘部件的清扫、检查。

（6）高压室内整流变压器、电抗器外部、阻尼电阻、引线、联络线、支撑绝缘子等的清扫、检查。

（7）高压直流电缆预防性试验。

（8）高压控制柜及仪表控制盘内各元器件的清扫检查，仪表校验。

（9）整流装置保护校验和安全闭锁装置检修。

（10）控制室通风机解体大修，通风系统检查。

38. 电除尘器低压电气设备大修的主要内容有哪些？

答：电除尘器低压电气设备大修的主要内容有：

（1）低压配电盘检修，有关元件定值核定。

（2）振打、加热配电箱的更换、检修。

（3）所有电机的解体检修。

（4）振打、卸灰系统，信号回路及元器件清扫、检查，振打程序、加热自控部件检查，校验。

（5）操作、动力电缆检查，绝缘电阻测量。

39. 电除尘器机械部分大修的主要内容有哪些？

答：电除尘器机械部分大修的主要内容有：

（1）电场内部全面清理检查。

（2）更换已变形、腐蚀的阳极板。

（3）更换无法修整或折断的阴极线。

（4）调整阴极框架和极间距。

（5）振打锤头、振打砧的更换或修理。

（6）电机、减速机的解体检修。

（7）导流板、气流分布板磨损情况及安装位置的检查。

（8）检查壳体有无积灰、磨损及腐蚀，以便更换、修复、加固。

（9）灰斗加热装置及绝缘子室热风系统的更换或修复。

40. 电除尘器检修划分为几个等级？每个等级分别代表怎样的检修程度？

答：电除尘器检修划分为A、B、C、D四个等级。

（1）A级检修。对电除尘器进行全面的解体检查和修理，以保持、恢复或提高设备性能；

（2）B级检修。针对电除尘器某些设备存在问题，对电除尘器部分设备进行检查和修理。

（3）C级检修。根据设备的磨损、老化规律，有重点地对电除尘器进行检查、评估、修理、清扫。

（4）D级检修。主要内容是消除设备和系统的缺陷。

41. A级检修机械部分有哪些项目？

答：A级检修机械部分有如下项目：

（1）电场本体清扫。

（2）阳极板检修。

（3）阳极振打装置检修。

（4）阴极悬挂装置、大小框架及极线检修。

（5）阴极振打装置检修。

（6）灰斗及卸灰装置检修。

（7）壳体及外围设备，进、出口封头、槽形板检修。

（8）加热系统检修。

（9）减速机解体大修。

（10）电场空载升压试验。

42. A 级检修电气部分有哪些项目？

答：A级检修电气部分有如下项目：

（1）整流变压器检修。

（2）电除尘的高压回路检修。

（3）高压控制系统及安全装置检修。

（4）电气低压部分检修。

43. 电除尘器电气部分的检查调整步骤是什么？

答：电除尘器电气部分的检查调整步骤如下：

（1）测量本体接地电阻，要求小于1Ω。

（2）用2500V绝缘电阻表测定高压网的绝缘电阻应大于1000MΩ。

（3）电除尘器外壳及高压整流变压器正极电缆接线应完好并紧固。

（4）用500V绝缘电阻表检查振打电机及其电缆绝缘情况，其绝缘电阻不低于0.5MΩ。

（5）高压隔离开关操纵机构应灵活，位置准确。

（6）全面检查各部位接线是否正确。

44. 进入电除尘器前，应对高压隔离开关及其配套装置进行哪些操作，作用是什么？

答：进入电除尘器前，操作人员必须将高压隔离开关置于"接地"位置，并用接地棒释放完各电场阴极部位的残余静电，以防止残余静电对人体造成伤害。

45. 简述变压器有哪些特殊检查项目。

答：变压器特殊检查项目有：

（1）雨、雪天气室内变压器应检查变压器室有无渗漏水现象；室外变压器应检查有无积雪、结冰现象，引线、瓷套管、支撑绝缘子有无闪络、放电现象。

（2）雷雨天气应检查室外变压器有无放电和雷击烧伤痕迹，有避雷器的变压器还应检查避雷器是否动作。

（3）大风天气应检查室外变压器高压侧引线有无剧烈摆动和松弛现象，变压器顶部或母线桥上有无杂物。

（4）大雾天气应检查室外变压器各部有无火花、放电或异响等不正常现象。

（5）由于气候变化引起环境温度剧烈变化时，应检查室外变压器油位及充油瓷套管油位是否正常，变压器上层油温的变化情况是否正常。

46. 高压供电装置中高压开关柜常规运行检查的要点是什么？

答：高压供电装置中高压开关柜常规运行检查的要点是：
（1）隔离开关位置指示是否到位。
（2）隔离开关机械闭锁是否良好。
（3）高压电缆及引入处是否放电，油浸电缆是否漏油。
（4）绝缘部件是否放电。

47. 低压控制设备及配电装置中电力变压器常规运行检查的要点是什么？

答：低压控制设备及配电装置中电力变压器常规运行检查的要点是：
（1）油温、油色、油位、渗漏油情况。
（2）声音、电缆接头发热、工作情况。
（3）呼吸器中的干燥剂受潮情况。

48. 湿式电除尘器检查、维护及检修过程中，存在哪些危害？

答：在执行湿式电除尘器检查、维护及检修过程中，存在的危害有触电、着火、缺氧、有害性化学气体、热流体（如热风等）及高处坠落等。

49. 在进入湿式电除尘器本体之前，一般性预防措施有哪些？

答：进入湿式电除尘器本体之前，一般性预防措施有：

（1）关停湿式电除尘器。

（2）利用安全接地装置将高频电源接地。

（3）检查湿式电除尘器本体内部是否存在有害气体。

（4）关停喷淋系统。

（5）关停绝缘子密封风机。

（6）加强检修防护措施，如定期检查等。

50. 电除尘系统调试的范围包括哪些？

答：电除尘系统调试范围包括：

（1）电除尘器电器元件的检查和试验。

（2）本体安装后的检查与调整。

（3）高压电源调试。

（4）热风吹扫系统测试。

（5）电除尘器空载升压试验。

（6）电除尘系统热态负荷整机调试（168h联动运行）。

（7）湿式电除尘器还应有水系统测试。

51. 电除尘系统热风吹扫系统调试包括哪些？

答：热风吹扫风机及加热器单体试运完毕后，热风吹扫系统的管道安装并检查测试完毕后，保温箱温度测点安装并测试完毕后，打开保温箱热风管道阀门，启动热风吹扫风机及加热器，观察各保温箱温度变化，若发现有个别保温箱温度较低，由此判断为保温箱漏风，建议处理漏风点。

52. 电除尘器高压电源调试内容包括哪些？

答：电除尘器高压电源调试内容包括：

（1）检查高压电源外壳是否有损伤，检查内部接线及接地线是否牢固。合上控制电源，检查控制器及控制回路是否正常。点动风机检查风机正反转是否正确。

（2）对高压电源进行短路试验，将高压隔离开关打至接地位置，合上动力电源，运行高压，数秒后高压设备发出短路报警。

（3）短路试验正常后，停运停电，将高压隔离开关打至电场工作位，送电将二次电压设定值改为10kV，随后依次增加1~5kV，直至二次电流显示值不为0时，记录该电压值，即为起晕电压。当发生火花闪络时，记录最高点的击穿电压。

（4）将二次电压设定低于击穿电压的稳定值，逐渐调低二次电压值（以5kV为一个步长），记录相应的二次电流值，最后绘制伏安特性曲线。

53. 湿式电除尘系统水系统调试内容包括哪些？

答：湿式电除尘系统水系统调试内容包括：

（1）挡板、阀门的开关试验。

（2）连锁保护条件确认。

（3）报警信号确认。

（4）系统整套启动和调整。

（5）阀门传动试验检查。

（6）水泵的试运行。

（7）内部喷淋系统的检查，逐个电场人工观察喷嘴情况（冲洗角度、覆盖范围），并做好记录，发现有偏差的安装错误及时进行纠正。

54. 电除尘器实际运行中最常见的故障有哪几种？

答：电除尘器实际运行中最常见的故障有阴极线断线、振打锤脱落、灰斗堵灰、绝缘子开裂。

55. 电除尘器常见的阳极系统故障有哪些，如何处理？

答：电除尘器常见的阳极系统故障主要有：

（1）阳极板与阳极板卡子脱开。

（2）热膨胀不畅造成阳极板变形弯曲。

（3）阳极板横向移位，使异极间距发生改变。

处理方法有：

（1）将阳极板卡子复位。

（2）检查造成阳极板变形的原因，如积灰过高、设计不合理等，针对原因清理积灰或适当处理阳极板排。

（3）调整极间距到合理距离。

56. 电除尘器常见的阴极系统故障有哪些，如何处理？

答：电除尘器常见的阴极系统故障主要有：

（1）芒刺线脱落、螺旋线脱钩或断裂，造成电场短路或拉弧。

（2）芒刺脱落。

（3）芒刺折弯。

（4）阴极线松动或变形。

（5）阴极框架沿烟气垂直方向整体偏移，使异极间距发生改变。

（6）振打砧脱落。

处理方法有：

（1）更换脱落、脱钩、断裂、变形的芒刺线。

（2）更换芒刺脱落的芒刺线。

（3）更换芒刺折弯的芒刺线。

（4）紧固松动的芒刺线。

（5）调整极间距。

（6）修理脱落的振打砧。

57. 简述电除尘器控制柜内空气断路器跳闸或合闸后再跳闸的主要原因及处理方法。

答：电除尘器控制柜内空气断路器跳闸或合闸后再跳闸的主要原因是：

（1）电除尘器内有异物造成极间短路。

（2）阴极断裂或内部零件脱落导致短路。

（3）料位指示失灵，灰斗中灰位升高造成阴极对地短路。

（4）阴极绝缘子因积灰而产生沿面放电，甚至击穿。

（5）绝缘子加热元件失灵或保温不良，使绝缘支柱表面结露，绝缘性能下降而引起闪络。

（6）低电压跳闸或过流、过电压保护误动作。

处理方法有：

（1）清除异物。

（2）剪掉断线，取出脱落物。

（3）修好料位计，排除积灰。

（4）清除积灰，擦拭绝缘子。

（5）更换加热元件，修复保温。

（6）检查保护系统。

58. 电除尘器完全短路的现象是什么？

答：电除尘器完全短路的现象是：

（1）二次电流表指示极限值，二次电压接近零。

（2）投运时电流上升较多而电压为零。

（3）电除尘器主回路跳闸并报警。

59. 简述电除尘器完全短路的主要原因及处理方法。

答：电除尘器完全短路的主要原因有：

（1）高压部分临时接地线未及时拆除。

（2）高压绝缘子损坏或套管内壁结露、积灰造成对地短路。

（3）电场或灰斗严重积灰，造成阴极与阳极搭桥短路。

（4）高压隔离开关高压侧刀闸或电场侧刀闸位置切换错误地置于接地位置。

（5）阴极线断线造成短路。

（6）高压电缆或电缆终端对地短路。

（7）阴极线肥大或阳极板严重粘灰，造成极间短路。

（8）阳极板间金属异物脱落，造成极板间短路。

（9）整流变压器高压输出端短路。

（10）阻尼电阻脱落而接地。

（11）阴极机械振打装置转动瓷轴箱内严重积灰形成短路。

处理方法是：

（1）停止该电场运行，拉开高压柜熔断器刀闸。

（2）检查高压隔离开关高压侧刀闸或电场侧刀闸均在"电源"位置。

（3）消除电场内异物。

（4）修理或更换损坏的电气设备。

（5）检查排灰情况，放完灰斗内积灰。

（6）检查顶部电阻是否脱落接地。

（7）如还不能查明原因，应联系电气人员把高压柜隔离开关合至空载位置，做高压硅整流设备空载试验。

（8）如空载试验，试验一、二次电压正常，就可以判断是电场故障；如在电场升压中，二次电压升至10kV左右再跌至零，而二次电流一直上升，则判定为阴阳极之间积灰，应加强振打清灰。

60. 简述电除尘器运行电压低，电流小，或升压严重闪络而跳闸的原因及处理方法。

答：电除尘器运行电压低，电流小，或升压严重闪络而跳闸现象的原因是：

（1）烟气温度低于露点温度，导致绝缘性能下降，发生在低电压下严重闪络。

（2）振打机构失灵，极板、极线严重积灰，造成击穿电压下降。

（3）阴极振打瓷轴密封不严，保温不良，造成积灰结露而产生沿面放电。

处理方法是：

（1）调整锅炉燃烧工况，提高烟温。

（2）修复振打失灵部件。

（3）清除积灰，修复保温。

61. 简述电除尘器电压值正常或很高，电流很小或无指示的主要原因及处理方法。

答：电除尘器出现电压值正常或很高，电流很小或无指示的主要原因是：

（1）工艺变化，粉尘比电阻变大或粉尘浓度过高，造成电晕封闭。

（2）高压回路不良，如阻尼电阻烧坏，造成高压硅整流变压器开路。

处理方法是：

（1）烟气调质，改造除尘器。

（2）更换阻尼电阻。

62. 简述电除尘器出现二次电流表指针激烈振动现象的主要原因及处理方法。

答：电除尘器出现二次电流表指针激烈振动现象的主要原因是：

（1）高压电缆对地击穿。

（2）阴、阳极弯曲造成局部短路。

处理方法是：

（1）确定击穿部位并修复。

（2）校正弯曲阴、阳极。

63. 简述电除尘器二次电压正常，二次电流很小的主要原因及处理方法。

答：电除尘器二次电压正常，二次电流很小的主要原因是：

（1）高压硅整流装置和控制系统不良。

（2）接地电阻过高，回路循环不良。

（3）阴极线尖端包灰。

处理方法是：

（1）检查高压硅整流装置和控制柜，更换损坏和性能明显下降的元器件。

（2）改善接地网使接地电阻值在1Ω以下。

（3）提高阴极振打力，采取连续振打或加大电磁振打器活塞的抬升高度。

64. 简述电除尘器二次电压和一次电流正常，二次电流表无读数的原因及处理方法。

答：电除尘器出现二次电压和一次电流正常，二次电流表无读数的主要原因是：

（1）与二次电流表并联的保险器击穿。

（2）电流测量系统断线。

（3）电流表指针卡住。

处理方法是：

（1）更换保险器。

（2）确定断线部位并修复。

（3）修理或更换电流表。

65. 简述电除尘器振打电机运行正常，振打轴不转的主要原因及处理方法。

答：电除尘器机械振打电机运行正常，振打轴不转的主要原因是：

（1）保险片断裂。

（2）链条断裂。

（3）电瓷转轴扭断。

处理方法是：更换损坏部件。

66. 简述电除尘器出现电压突然大幅下降现象的主要原因及处理方法。

答：电除尘器出现电压突然大幅下降现象的主要原因是：

（1）阴极线断线，但尚未短路。

（2）阳极板排定位销断裂，板排移位。

（3）阴极振打瓷轴保温箱积灰、结露。

（4）阴极小框架移位。

处理方法是：

（1）剪除断线。

（2）将阳极板排重新定位，焊牢固定销。

（3）检查电加热器及绝缘子室的漏风情况，排除故障。

（4）重新调整并固定移位的框架。

67. 简述电除尘器低电压下产生火花，无法保证电晕电流的主要原因及处理方法。

答：电除尘器出现低电压下产生火花，无法保证电晕电流的主要原因是：

（1）极距变化（因极板弯曲，极板不平呈波状，阴极线弯曲；锈蚀、氧化皮脱落，以及极板、极线粘满灰等）。

（2）局部窜气。

（3）振打强度过大，造成二次扬尘。

处理方法是：

（1）调整极距，清除积灰。

（2）改善气流工况。

（3）调整振打力，调整振打周期，减少二次扬尘。

68. 简述电除尘器电流密度小产生火花，除尘效率降低的主要原因及处理方法。

答：电除尘器出现电流密度小时产生火花，除尘效率降低现象的主要原因是：

（1）烟气含高比电阻粉尘较多。

（2）高压电流的电压峰值过高。

（3）运行初期电晕电压过高。

（4）高压供电的晶闸管导通角过小。

处理方法是：

（1）控制粉尘的化学成分和比电阻。

（2）烟气调质。

（3）改变阴极线形状。

（4）降低硅整流变压器的输出抽头，或用二次电压输出较低的硅整流变压器。

69. 简述电除尘器顶部出现电磁振打线圈烧毁现象的主要原因及处理方法。

答：电除尘器顶部出现电磁振打线圈烧毁现象的主要原因是：

（1）线圈质量差。

（2）振打棒与外壳中间进入杂物，使棒活动受阻，线圈承受大电流。

（3）振打线圈长期通电。

（4）线圈对地击穿。

（5）电气过负荷保护不起作用。

处理方法是：

（1）加强配用线圈质量。

（2）消除杂物。

（3）检查控制器长期输出导通角原因。

（4）更换线圈。

（5）检查保护器件是否容量太大。

70. 简述造成电除尘器二次电流大且二次电压偏低并无火花的原因及处理方法。

答：造成电除尘器二次电流大且二次电压偏低并无火花的原因包括：

（1）高压电源与终端头严重漏电。

（2）高压部分可能被异物接触。

（3）高压部分绝缘不良。

（4）阴、阳极极间距局部变小。

（5）发生反电晕现象。

处理方法是：

（1）检查电场或绝缘子室无异物。

（2）检查高压回路并更换元器件。

（3）测量绝缘电阻，改善绝缘情况或更换损坏件。

（4）调整极间距。

（5）消除反电晕现象。

71. 简述电除尘器内部电场闪烁严重的原因及处理方法。

答：电除尘器内部电场闪烁严重的原因是：阴极线断裂或脱落。

处理方法是：需停运电场，必要时需停机修复。

72. 简述电除尘器出现二次电流不规则变动的原因及处理方法。

答：电除尘器出现二次电流不规则变动的原因包括：

（1）电极积灰，极距变小。

（2）阴极线折断，残留段摆动。

（3）烟气湿度过大，粉尘比电阻下降。

（4）支撑绝缘子对地放电。

处理方法是：

（1）应清除积灰。

（2）剪去残留段。

（3）进行适当工艺处理。

（4）处理放电部位。

73. 简述电除尘器出现二次电流周期性变动的原因及处理方法。

答：电除尘器出现二次电流周期性变动的原因包括：

（1）阴极线下端脱开或断裂，残余部分晃动。

（2）工况变化大。

处理方法是：

（1）换去断线。

（2）安装检查，消缺。

74. 简述电除尘器出现无二次电流或电流极小的原因及处理方法。

答：电除尘器出现无二次电流或电流极小的原因包括：

（1）阴阳极积灰严重。

（2）接地电阻过高，高压回路不良。

（3）高压回路电流表测量回路短路。

（4）高压输出与电场接触不良。

处理方法是：

（1）检查喷嘴是否堵塞或极板上水膜是否正常。

（2）清除积灰使接地电阻达到规定要求。

（3）修复断路。

（4）检查接触部分，修复。

75. 简述电除尘器出现火花率高现象的原因及处理方法。

答：电除尘器出现火花率高现象的原因包括：

（1）绝缘子脏。

（2）变压器内部二次侧接触不良。

（3）气流分布不均匀。

（4）异极距变小。

（5）阻尼电阻断裂放电。

处理方法是：

（1）清洗绝缘子。

（2）检查变压器二次侧。

（3）更换气流均布板。

（4）调整异极距。

（5）更换阻尼电阻。

76. 简述电除尘器一、二次电流、电压均正常，除尘效率不高的原因及处理方法。

答：电除尘器一、二次电流、电压均正常，除尘效率不高的原因包括：

（1）烟气分布不均匀。

（2）异极距超差过大。

（3）烟气条件偏离设计工况。

（4）振打不合理，二次扬尘严重。

（5）冷空气从灰斗侵入。

处理方法是：

（1）分布板清灰或更换分布板。

（2）调整异极距。

（3）调整参数。

（4）根据修正效率曲线考核效率。

（5）调整振打周期。

（6）加强灰斗密封性。

77. 简述电除尘器控制回路及主回路工作不正常的原因及处理方法。

答：电除尘器出现控制回路及主回路工作不正常的原因包括：

（1）安全连锁未到位闭合。

（2）合闸线圈及回路断线。

（3）辅助断路器接触不良。

处理方法是：

（1）检查安全连锁柜。

（2）更换线圈，检查接线。

（3）检修断路器。

78. 简述电除尘器绝缘子会出现的故障、故障原因及处理方法。

答：电除尘器绝缘子会因表面结露而导致绝缘子破损。

导致结露的原因有：

（1）热风系统加热器故障。

（2）绝缘子温度计故障。

（3）绝缘子保温不良。

处理方法有：

（1）检查绝缘子加热器。

（2）检查绝缘子箱温度计。

（3）检查绝缘子保温箱保温情况。

79. 简述湿式电除尘器水冲洗系统会出现的故障及处理方法。

答：湿式电除尘器水冲洗系统会出现的故障主要有：

（1）湿式电除尘器内部部件清洗不良或腐蚀。

（2）排水流量异常。

（3）循环水、排水pH值过高或过低。

（4）碱液低。

处理方法有：

（1）检查各pH计。

（2）检查碱计量泵、循环水泵、排水泵、自动清洗过滤器的运行状态。

（3）管路堵塞，清理管路，短时间可用酸性循环水溶解堵塞物质。

（4）喷嘴堵塞，需检修喷嘴。

第三节 袋式除尘器的运行维护

1. 袋式除尘器操作运行前需做哪些准备工作？

答：袋式除尘器操作运行前需做如下准备工作：

（1）建立并健全与之相应的运行机制。

（2）制订并修改完善必要的操作、点检、维护规程。

（3）熟悉各单体设备厂商提供的产品说明书，掌握各单体设备的结构、性能、操作方法和维护检修要领。

（4）熟悉除尘系统的工艺流程、设备组成和说明书的内容。

（5）各单体设备试运行正常。

2. 袋式除尘器运行前应对系统进行哪些检查？

答：袋式除尘器运行前应对系统进行如下检查：

（1）确认设备内无施工遗留物。

（2）检修人孔门关闭严密。

（3）管路中各处手动调节阀门调至"全开"或特殊"设定"位置。

（4）供电设施正常供电。

（5）电控柜上无故障灯闪烁。

3. 滤袋安装前应具备何种条件？

答：滤袋安装前应具备如下条件：壳体焊接完毕，检查完气密性，焊渣全部去除，净气室打扫干净，滤袋检查无破损，有破损需及时更换。

4. 简述袋式除尘器进行预涂灰的步骤。

答：袋式除尘器进行预涂灰的步骤为：

（1）袋式除尘器经荧光粉检漏合格后，在锅炉点火运行前应进行预涂灰。

（2）预涂灰应采用熟石灰、石灰石粉或粉煤灰，目数宜大于200目，水分含量应小于1%，投料量宜为单位过滤面积350~450g。

（3）预涂灰操作时，首先关闭清灰系统，开启风机，分室进行预涂灰，分室风量不应小于额定风量的80%，观察达到预定风量后该室的差压，当压差基本稳定后，记录此时的压差，开始持续均匀投料，观察该室差压变化，待该室的差压增加200~300Pa后，即达到涂灰量要求。

（4）涂灰量达到要求后，再持续通风20min，以便将灰粉压紧在滤袋表面。

（5）在预涂灰工作完成后，关闭风机，净气室抽出一条滤袋检查预涂灰效果。

（6）预涂灰合格后，袋式除尘器则达到投运条件，在锅炉投粉燃烧前除尘器不得清灰。

5. 袋式除尘器预涂灰需注意的事项有哪些？

答：袋式除尘器预涂灰需注意的事项有：

（1）对新建的袋式除尘器、批量换袋后的袋式除尘器或长期停运的袋式除尘器，在除尘器热态运行前必须进行预涂灰。

（2）预涂灰宜在锅炉点火前48h内进行。

（3）预涂灰完成后，应检查涂灰的均匀性，以观察不到布袋本来的外表面为标准。如发现涂灰不均匀，需检查系统，找出原因，重复喷粉操作步骤，重新对滤袋进行涂灰。

6. 袋式除尘器正常运行时对除尘系统有哪些操作要求？

答：袋式除尘器正常运行时对除尘系统的操作要求有：

（1）利用监控仪表掌握运行状态。

（2）控制清灰的周期和时间。

（3）维护正常阻力。

7. 预防滤袋在运行时发生酸腐蚀有哪些措施？

答：预防滤袋在运行时发生酸腐蚀有如下措施：

（1）采取保温、清灰压缩空气加热等措施，使穿过滤袋的烟气温度高于酸露点温度15℃以上，防止滤袋表面的结露。

（2）使除尘器和烟道系统严密，使漏风率≤2%，减少混入的冷空气量，防止烟气温度低于酸露点。

（3）若短时间停炉，可不清灰，保持滤袋表面挂灰，可有效阻止除尘器内烟气通过酸露点时的酸腐蚀。

8. 锅炉短期停运时对袋式除尘器操作有哪些要求？

答：锅炉短期停运时对袋式除尘器操作有如下要求：

（1）锅炉短期停运（4天以内），袋式除尘器不宜清灰，应维持灰斗加热，锅炉再次点火前应检查滤袋表面粉尘层，若有脱落情况应进行预涂灰。

（2）清灰停止后，应停空气压缩机/罗茨风机。

（3）锅炉引风机停运后，应关闭袋式除尘器进、出口阀。

（4）灰斗无积灰后，停止袋式除尘器输灰系统。

9. 锅炉长期停运时对袋式除尘器操作有哪些要求？

答：锅炉长期停运时对袋式除尘器操作有如下要求：

（1）锅炉停运后，袋式除尘器应维持10~20个周期的清灰，并用空气置换袋式除尘器内部烟气，锅炉再次点火时应进行预涂灰。

（2）清灰停止后，应停空气压缩机/罗茨风机。

（3）锅炉引风机停运后，应关闭袋式除尘器进、出口阀。

（4）灰斗积灰全部清除后，应停止输灰系统。

10. 袋式除尘器运行时清灰机构需做哪些检查？

答：袋式除尘器运行时清灰机构需做如下检查：

（1）根据差压计读数了解清灰状况，差压过大或过小均属异常。

（2）检查压缩空气的压力是否符合要求，压力过低会造成清灰不良，压力偏大易对滤袋造成损伤。

（3）检查脉冲阀动作是否正常。

11. 锅炉停炉清灰机构需做哪些维护措施？

答：锅炉停炉清灰机构需做如下维护措施：

（1）要认真检查脉冲阀以及控制系统等的动作情况。

（2）检查固定滤袋的零件是否松弛，滤袋的拉力是否合适，滤袋内支撑框架是否光滑，对滤袋的磨损情况如何。

（3）在北方地区，应注意防止喷吹系统因喷吹气流温度低导致滤袋结露或冻结现象，以免影响清灰效果。

12. 停炉时滤袋需做哪些检查？

答：停炉时滤袋需做如下检查：

（1）观察判断滤袋的使用和磨损程度，看有无变质、破坏、老化、穿孔等情况。

（2）观察滤袋非过滤面的积灰情况。

（3）检查滤袋有无互相摩擦、碰撞情况。

（4）检查滤袋或粉尘是否潮湿或者被淋湿，有无发生板结情况。

（5）检查滤袋与袋笼间的配合松紧情况。

13. 袋式除尘器入口烟气温度超过滤袋允许使用温度时应采取什么保护措施？

答：袋式除尘器入口烟气温度超过滤袋允许使用温度时，应采取紧急喷水降温措施。

14. 袋式除尘器系统紧急喷水降温装置一般安装在什么位置？

答：袋式除尘器系统紧急喷水降温装置一般安装在空气预热器出口烟道的直管段上。

15. 袋式除尘器系统紧急喷水降温系统做管道压力试验时对压力有何要求？

答：喷水降温水路管道需做水压试验，管路试验压力为1.2倍工作压力，试压完毕后用清洁压缩空气将管道内吹扫干净。

16. 袋式除尘器系统紧急喷水降温系统的机理和组成各是什么？

答：袋式除尘器系统紧急喷水降温系统的机理是：在烟气中喷入水雾，雾滴在蒸发的过程中吸收热量，从而降低烟气温度。

袋式除尘器系统紧急喷水降温系统主要由双流体喷枪、泵站系统及水、气管路等部件组成。

17. 袋式除尘器系统紧急喷水降温系统开启和关闭流程分别是什么？

答：袋式除尘器系统紧急喷水降温系统开启流程为：首先打开气路电磁阀接通压缩空气，其后开启增压水泵和水路电磁阀进行喷水降温。当温度传感器检测到烟气温度低于设定值时，关闭喷水降温系统。

紧急喷水降温系统关闭流程：首先关闭水路电磁阀同时关闭增压水泵，其后关闭气路电磁阀。

18. 如何防止袋式除尘器系统紧急喷水降温系统喷嘴堵塞？

答：在锅炉正常运行时，需有微量压缩空气通过压缩空气管线进入雾化喷嘴，喷入烟道内，以防烟气中的飞灰堵塞喷嘴。

19. 在锅炉点火时、低负荷投油助燃时滤袋分别需做何种保护措施？

答：（1）锅炉点火时长时间燃油，产生的油烟粘袋，造成滤袋损坏，为了避免此现象发生，需通过事先预涂灰的措施，对滤袋进行安全防护。

（2）正常运行中锅炉低负荷投油助燃时，可通过改变清灰机制来保护滤袋。采用慢速清灰或停止清灰的措施，让滤袋表面留有相当厚度的灰层，对滤袋进行安全防护。当除尘器阻力达到预定的经验值时，可以恢复对滤袋进行正常的清灰操作。

20. 分气箱内的杂质如何排出？

答：分气箱底部设有自动或手动油水排污阀，定期将分气箱内的杂质排出。

21. 滤袋的检查验收有哪些要求？

答：滤袋的检查验收有如下要求：

（1）滤袋应符合《袋式除尘器技术要求》（GB/T 6719—2009）的要求。

（2）滤袋应无破损、无划刻痕、无污染、干爽、清洁，袋头应无变形。

（3）滤袋的长度、半周长应符合图纸要求。

22. 袋笼的检查验收有哪些要求？

答：袋笼的检查验收有如下要求：

（1）袋笼应无脱焊、毛刺、变形。

（2）袋笼的长度和外周长满足图纸要求。

（3）袋笼的横、竖筋直径满足图纸要求。

23. 花板孔验收时需做哪些检查？

答：花板孔验收时需做如下检查：

（1）检查花板孔的外观，花板孔内边应洁净，无毛刺，无变形。

（2）测量花板孔的直径和厚度，花板孔的直径允许偏差值应为

± 0.2mm，花板厚度允许偏差值应为0~0.2mm。

24. 袋式除尘器喷吹系统的检查验收有哪些要求？

答：袋式除尘器喷吹机构的检查验收有如下要求：

（1）袋式除尘器喷吹机构应符合《燃煤锅炉烟气袋式除尘器》（JB/T 10921—2008）的规定。

（2）脉冲阀分气箱输出管口与脉冲阀接触部位应平整、光滑、无毛刺，不得平移和歪斜。喷吹管与上箱体组装时，喷吹管与花板应平行，喷嘴的中心线应与花板孔中心线重合，位置偏差应小于2mm，喷嘴中心线与花板垂直度偏差应小于5°。

（3）旋转喷吹袋式除尘器的旋臂应旋转灵活，喷嘴旋转时的轨迹圆与对应该圈花板孔中心组成的圆间的偏差符合图纸要求。

（4）在保证装置气密性的前提下，应按规定进行喷吹试验，每一个阀正常连续动作不得少于10次。喷吹管应固定牢固，脉冲喷吹时位置偏差应小于2mm。

25. 袋式除尘器的控制系统应监测哪些内容？

答：袋式除尘器的控制系统应监测如下内容：

（1）除尘器进、出口差压显示及超标报警。

（2）进出口阀状态及故障报警。

（3）除尘器烟气温度显示及超标报警。

（4）烟气含氧量及含氧量超标报警。

（5）除尘器出口烟尘浓度显示及超标报警。

（6）清灰气源压力显示及超标报警。

（7）脉冲阀喷吹间隔、顺序显示。

（8）灰斗料位报警。

（9）灰斗温度、加热系统状态及故障报警。

（10）空气压缩机或罗茨风机电流显示及超标报警。

26. 简述袋式除尘器荧光粉检漏法的实施步骤。

答：袋式除尘器荧光粉检漏法的实施步骤如下：

（1）检漏前须确认滤光眼镜、荧光灯与荧光粉相匹配。

（2）投料孔应优先选择除尘器进口烟道上的烟尘浓度采样孔或检修人孔，其次为预涂灰投料孔。如均未开设，则应在距除尘器本体≤8m范围内的进口烟道上选择易于投料且操作安全的位置开设投料孔，投料孔不使用时应使用盖板、管堵或管帽封闭。

（3）确认锅炉处于停炉状态，除尘器的进出口阀处于开启状态，除尘器的检修人孔门和清灰系统处于关闭状态。如果是电袋复合除尘器，应确认电区电源已经关闭，并采取了正确的安全措施。

（4）开启机组风机（包括送风机和引风机），系统风量宜不低于设计值的70%，进口烟道负压不小于2.0kPa。然后打开荧光粉投料孔，取50~100g的荧光粉，进行吸入测试。如果荧光粉被管道内的气流吸入，则可开始正式投料，若未满足吸入条件，应适当提高风量，确保满足吸入要求。投料应均匀，投料时间宜控制在5~10min。

（5）荧光粉投料完成后，风机应至少稳定运行20min。

（6）风机停机后，打开灰斗检修人孔门，使用荧光灯照射滤袋室查看荧光粉附着情况。

（7）打开净气室箱体门或顶盖，进入净气室随机抽查不少于2条滤袋，观察袋口下方1m内区域荧光粉是否均匀附着在滤袋表面。

（8）若不均匀附着，应重复步骤（3）~步骤（7），继续增投荧光粉，直至均匀附着。

（9）检查期间净气室要关闭所有人孔门和除荧光灯外的其他光源。

（10）使用荧光灯和滤光眼镜检查净气室、出口烟道，特别是焊缝处和滤袋安装区域，检漏时应逐块区域进行检查。发现泄漏点，使用记号笔进行标记，并做好记录。

（11）检漏完毕后应对所有标记的泄漏点进行整改。

（12）整改完成后，宜更换另一种颜色的荧光粉并按照步骤（1）~步骤（10）进行重复检漏，直至没有新发现泄漏点为止。

（13）未发现泄漏点，则荧光粉检漏操作完成，清点人员及工具，并将除尘器恢复至备用状态，应编写和出具荧光粉检漏报告。

27. 袋式除尘器的运行监督应注意哪些方面？

答：袋式除尘器的运行监督应注意如下方面：

（1）运行人员应对袋式除尘器进行运行监督，监督项目包括进出口压差、烟气温度、清灰气源压力等内容，并做好记录。

（2）运行人员应确认炉膛负压控制系统，除尘器差压正常；袋式除尘器运行温度不宜超过滤袋正常运行温度，出现超温现象应记录超温起止时间及温度。

（3）运行过程中处理烟气的含氧量、SO_2、NO_x中任意两项指标同时超出滤袋要求，运行人员应记录起止时间。

（4）出现（2）、（3）情况之一时，应在检修周期内对滤袋进行抽样检验。

28. 袋式除尘器的运行管理有哪些方面的要求？

答：袋式除尘器的运行管理有如下方面的要求：

（1）袋式除尘器的运行、维护、检修应有操作规程和管理制度。

（2）袋式除尘器的运行、维护、检修应由专职机构和人员负责。对操作人员应进行培训，合格后上岗。

（3）运行人员应定期巡查设备运行情况，发现异常应找出原因，排除故障。

（4）应每小时记录一次袋式除尘器运行参数，发现参数异常应采取相应措施解决，并及时报告锅炉运行当班值长。运行记录应整理成册作为袋式除尘器运行历史档案备查，记录保留时间应不少于4年。

（5）应定期对袋式除尘器的除尘效率、排放浓度进行测试。大修后进行性能试验。

29. 袋式除尘器的定时巡检包括哪些内容？

答：袋式除尘器的定时巡检包括如下内容：

（1）定时检查各除尘通道压差是否正常，检查阀门、进出口阀位置是否正常，气缸等有无漏气现象，进出口阀操作时确认现场动作正常。

（2）定时检查除尘器有无泄漏，系统有无异常报警。

（3）定时检查滤袋喷吹气压是否正常，清灰循环运行是否正常，检查脉冲阀及其他阀门应无漏气或开、关不动作现象。

（4）定时对缓冲罐、储气罐、分气箱和油水分离器放水。

（5）定时巡检脉冲阀稳压分气箱压力。当发现高于上限或低于下限时，应立即检查空气压缩机和压缩空气系统，及时排除故障。

（6）定时巡检压缩空气过滤装置。

（7）定时巡检灰斗及卸、输灰装置的运行情况，发现情况及时处理。

（8）旋转喷吹脉冲袋式除尘器，还需定时检查旋转机构的运行状况。

30. 袋式除尘器的定期维护包括哪些内容？

答：袋式除尘器的定期维护包括如下内容：

（1）定期对脉冲阀和其他阀门进行维护，若发现脉冲阀异常应及时处理。

（2）定期维护压缩气体过滤、冷干、滤油装置。

（3）定期对烟气温度、氧量、SO_2、NO_x、含尘浓度等烟气监测仪表进行校准，并使用便携式烟气分析仪进行烟气比对监测，发现异常及时处理。

（4）定期检查压力变送器取压管是否通畅，发现堵塞应及时处理。

（5）定期对灰斗料位监测装置进行校准，发现异常及时处理。

（6）灰斗紧急排灰装置应定期进行检查，发现板结及时处理。

（7）定期对袋式除尘器出口烟尘浓度进行监测。因滤袋破损导致粉尘浓度超标，应及时处理。

31. 异常工况下袋式除尘器的处理措施有哪些？

答：异常工况下袋式除尘器的处理措施有：

（1）锅炉低负荷运行时袋式除尘器应按照《燃煤电厂锅炉烟气袋式除尘工程技术规范》（DL/T 1121—2009）的规定执行。

（2）锅炉爆管时，袋式除尘器应停止清灰，立即停机处理。

（3）输灰系统出现故障后，应立即停止对应尘室喷吹清灰，并进行必要的处理；如果输灰系统在长时间未恢复正常时，应采取强制排灰措施。

（4）锅炉尾部烟道二次燃烧时，应立即启动紧急喷水降温装置或停机处理。

（5）除尘器入口烟气温度超过袋式除尘器的瞬时运行温度，应立即启动紧急喷水降温装置，喷水后烟温仍得不到有效控制，应降负荷运行或停机。

（6）烟气湿度高时，应采用定压清灰方式运行；减少紧急喷水降温装置喷水量。

32. 袋式除尘器运行时安全措施有哪些内容?

答：袋式除尘器运行时安全措施有如下内容：

（1）在袋式除尘器内部或外部高处作业时，应按《电业安全规程　第1部分：热力和机械》（GB 26164.1—2010）的有关规定执行。

（2）袋式除尘器运行期间，不得打开人孔门锁进入内部工作。

（3）袋式除尘器检修应执行工作票制度，并采取相应的安全措施。

（4）袋式除尘器内部检修时，应在停机冷却后除尘器出口温度降到40℃以下方可进入，如急需检修，可将人孔门打开，同时启动送、引风机以加速袋式除尘器冷却。

（5）进入袋式除尘器前，应排出除尘器内部残余气体，保持良好通风，应将灰斗中的存灰排空。

（6）进入袋式除尘器内部工作至少应有2人，其中一人负责监护。监护人应了解除尘器内部结构，并掌握有关安全保护措施。

（7）袋式除尘器检修完毕后，应检查确保除尘器内无人，无其他工具和杂物遗留在内后，方可关闭人孔门。

（8）检修人员不得携带火源进入除尘器内部，如需进行焊接、切割等易产生明火的工作时，应做好滤袋防护措施，配备必要的消防设备。

33. 袋式除尘器阻力异常上升的原因有哪些? 如何处理?

答：袋式除尘器阻力异常上升的原因有：

（1）清灰不良。

（2）粉尘湿度大、糊袋。

（3）分气箱压力降低。

（4）引风机风门开启过大。

处理措施有：

（1）检查清灰机构。

（2）检查压缩空气管路、分气箱是否漏气，提高分气箱压力。

（3）调整引风机风门，平衡风量与系统阻力。

34. 造成袋式除尘器阻力太低的原因有哪些? 如何处理?

答：造成袋式除尘器阻力太低的原因有：

（1）清灰间隔太短。

（2）连接压力计的管路堵塞。

（3）引风机风门开启过小。

处理措施有：

（1）增加清灰间隔。

（2）检查压力计进出口及连接管路，疏通或更换。

（3）调整引风机风门，平衡风量与系统阻力。

35. 导致袋式除尘器压缩空气系统无气的原因有哪些？如何处理？

答：导致袋式除尘器压缩空气系统无气的原因有：

（1）气源关闭。

（2）压缩空气管路堵塞。

（3）压缩空气管路漏气造成。

处理措施有：

（1）检查气源。

（2）检查压缩空气管路是否堵塞或漏气，排除故障。

36. 造成袋式除尘器出口粉尘浓度显著增加的原因有哪些？如何处理？

答：造成袋式除尘器出口粉尘浓度显著增加的原因有：

（1）滤袋破损。

（2）滤袋口与花板之间漏气。

（3）掉袋。

处理措施有：

（1）更换滤袋，检查袋笼消除毛刺。

（2）重新安装滤袋。

37. 脉冲阀常开的原因有哪些？如何处理？

答：脉冲阀常开的原因有：

（1）电磁阀不能关闭。

（2）小节流孔完全堵塞。

（3）膜片上的垫片松脱漏气。

处理措施有：

（1）检查、调整电磁阀。

（2）疏通小节流孔。

（3）更换膜片。

38. 脉冲阀常闭的原因有哪些？如何处理？

答：脉冲阀常闭的原因有：

（1）控制系统无信号。

（2）电磁阀失灵或排气孔被堵。

（3）膜片破损。

处理措施有：

（1）检修控制系统。

（2）检修或更换电磁阀。

（3）更换膜片。

39. 脉冲阀喷吹无力的原因有哪些？如何处理？

答：脉冲阀喷吹无力的原因有：

（1）膜片破损。

（2）排气孔部分被堵。

（3）控制系统输出脉冲宽度过窄。

处理措施有：

（1）更换膜片。

（2）疏通排气孔。

（3）调整脉冲宽度。

40. 脉冲阀不动作或漏气的原因有哪些？如何处理？

答：脉冲阀不动作或漏气的原因有：

（1）接触不良或线圈断路。

（2）阀内有异物。

（3）弹簧、膜片失去作用或损坏。

处理措施有：

（1）调换线圈。

（2）清洗脉冲阀内腔及膜片。

（3）更换弹簧或膜片。

41. 造成滤袋磨损的原因有哪些？如何处理？

答：造成滤袋磨损的原因有：相邻滤袋间摩擦、与壳体摩擦、粉尘的腐蚀、流场的不合理等。

处理措施有：调整滤袋垂直度，避免滤袋下部滤袋间及滤袋与壳体间的碰撞、调整导流装置、更换破损滤袋。

42. 造成滤袋堵塞的原因有哪些？如何处理？

答：造成滤袋堵塞的原因有：
（1）滤袋使用时间长。
（2）处理气体中含有水分。
（3）除尘器漏水。
（4）烟温过低。
（5）清灰不良。

处理措施有：
（1）更换滤袋。
（2）升高温度。
（3）对除尘器壳体进行堵漏。
（4）检查清灰机构、加强清灰。

43. 袋式除尘器差压长期超过设定值的原因是什么？如何处理？

答：系统运行中，有时不管怎样清灰，也无法使系统差压恢复到规定差压的下限，这是因喷吹系统发生故障或者滤袋堵塞的缘故。

处理方法：
（1）检查分气箱压力是否达到设计值。
（2）检查分气箱内是否有积液，若有，打开排污阀排污。
（3）检查是否糊袋，若有，对糊袋的滤袋进行更换。

44. 袋式除尘器压差减小、检漏仪超标的原因有哪些？如何处理？

答：袋式除尘器压差减小、检漏仪超标，一般是由于滤袋损坏、滤袋口涨圈损坏等因素导致未经处理的烟气通过泄漏处串气造成。

处理办法：确定某过滤室出现破袋后，关闭该室进出口离线阀，将该过滤室离线，确定破损的布袋，按照要求进行换袋。

45. 袋式除尘器噪声大或异常振动的原因有哪些？如何处理？

答：袋式除尘器噪声大或异常振动的原因和处理如下：

（1）除尘器各风门开度过小或关闭，需检查阀门。

（2）安装在除尘器上的旋转机械如风机等异常振动，检查和修理旋转机械。

第三章 除灰系统

第一节 燃煤电厂粉煤灰

1. 什么是粉煤灰?

答:粉煤灰是从煤燃烧后的烟气中收捕下来的细灰,它是燃煤电厂排出的主要固体废物。

2. 燃煤电厂粉煤灰是如何形成的?

答:在锅炉尾部引风机的抽气作用下,燃煤燃烧后含有大量细小固体颗粒的烟气流向锅炉尾部。在引风机将烟气排入大气之前,这些细小的颗粒在经过除尘器时被拦截、收集,即产生粉煤灰。

3. 粉煤灰的化学成分有哪些?

答:燃煤火电厂粉煤灰的主要成分为:SiO_2、Al_2O_3 及少量的 FeO、Fe_2O_3、CaO、MgO、SO_3、TiO_2 等。其中,SiO_2 和 Al_2O_3 含量可占总含量的60%以上。

4. 粉煤灰颗粒的形貌有哪些?

答:粉煤灰颗粒形貌主要有:玻璃微珠;海绵状玻璃体(包括颗粒较小、较密实、孔隙小的玻璃体和颗粒较大、疏松多孔的玻璃体);炭粒。

5. 粉煤灰的特性有哪些?

答:粉煤灰外观类似水泥,颜色在乳白色到灰黑色之间变化。粉煤灰的颜色是一项重要的质量指标,可以反映含碳量的多少和差异。在一定程度上也可以反映粉煤灰的细度,颜色越深粉煤灰粒度越细,含碳量越高。粉煤灰有低钙粉煤灰和高钙粉煤灰之分。通常高钙粉煤灰的颜色偏黄,低钙粉煤灰的颜色偏灰。粉煤灰颗粒呈多孔型蜂窝状组织,比表面积较大,具有较高的吸附活性,颗粒的粒径范围为 $0.5\sim300\,\mu m$。并且珠壁具有多孔结构,孔隙率高达50%~80%,有很强的吸水性。

6. 粉煤灰有哪些综合利用价值?

答：粉煤灰可用作水泥、砂浆、混凝土的掺合料，并成为水泥、混凝土的组分，粉煤灰可作为原料代替黏土生产水泥熟料的原料、制造烧结砖、蒸压加气混凝土、泡沫混凝土、空心砌砖、烧结或非烧结陶粒，铺筑道路；构筑坝体，建设港口，农田坑洼低地、煤矿塌陷区及矿井的回填；也可以从中分选漂珠、微珠、铁精粉、碳、铝等有用物质，其中漂珠、微珠可分别用作保温材料、耐火材料、塑料、橡胶填料。

7. 在混凝土中掺加粉煤灰有哪些好处?

答：在混凝土中掺加粉煤灰可节约大量的水泥和细骨料；减少用水量；改善混凝土拌和物的和易性；增强混凝土的可泵性；减少混凝土的徐变；减少水化热、热能膨胀性；提高混凝土抗渗能力；增加混凝土的修饰性。

8. 粉煤灰中Ⅰ级灰与Ⅱ级灰有哪些区别?

答：Ⅰ级灰的细度（0.045mm方空筛筛余）≤12%，需水量比≤95%，烧失量≤5%，含水量≤1%，三氧化硫≤3%；Ⅱ级灰的细度（0.045mm方空筛筛余）≤25%，需水量比≤105%，烧失量≤8%，含水量≤1%，三氧化硫≤3%。常见Ⅰ级灰、Ⅱ级灰采用粉煤灰分选系统进行分离。

9. 燃煤电厂粉煤灰采用何种收集方式?

答：近些年来，随着国家对环保、综合利用及节能等方面的要求不断提高，燃煤火力发电厂产生的飞灰大多先采用除尘工艺处理，再通过气力输送系统进行灰库储存的收集方式。

10. 气力除灰与水力除灰方式相比有哪些优点?

答：气力除灰方式与传统的水力除灰方式相比，具有如下优点：

（1）节省大量的冲灰水；

（2）在输送过程中，灰不与水接触，故灰的固有活性及其他物化特性不受影响，有利于粉煤灰的综合利用；

（3）减少灰场占地；

（4）避免灰场对地下水及周围大气环境的污染；

（5）不存在灰管结垢及腐蚀问题；

（6）气力除灰系统自动化程度较高，所需的运行人员较少；

（7）设备简单，占地面积小，便于布置；

（8）输送路线选取方便，布置上比较灵活；

（9）便于长距离集中、定点输送。

第二节　气力除灰系统工艺

1. 什么是气力除灰系统？

答：气力除灰系统是一种以空气为载体，借助于某种压力设备（正压或负压）在管道中输送粉煤灰的方法，也可以说是利用一定压力和一定速度的气流来输送粉状物料的一种输送系统。

2. 什么是正压气力除灰系统？

答：正压气力除灰系统是以压缩空气作为输送介质，将干灰输送到灰库或其他指定地点的一种输送装置或系统。

3. 正压气力除灰系统有哪些特点？

答：正压气力除灰系统有以下特点：

（1）正压气力除灰系统主要设备为仓泵，工作压力介于200～800kPa之间，系统出力介于30～200t/h之间，输送距离介于500～2000m之间，灰气比介于7～15kg/kg之间。

（2）正压气力除灰系统具有输送距离远、输送量大、系统所需供料设备少等特点，成为国内燃煤电厂应用最早、最广泛的一种气力除灰方式。

4. 正压气力除灰系统的基本构架是什么？

答：正压气力除灰系统由供料设备、气源设备和集料设备三大基本功能设备以及管道、控制系统等构成。不同类型的气力除灰系统采用的功能设备的类型、性能以及布置形式是不同的。

5. 什么是负压气力除灰系统？

答：负压气力除灰系统是利用抽气设备的抽吸作用，使除灰系统内产生一定负压，当灰斗内的干灰通过电动锁气器落入供料设备时，与吸入供料设备的空气混合，并一起吸入管道，经气粉分离器分离后的干灰落入灰库，清洁空气则通过抽气设备重返大气。

6. 负压气力除灰系统有哪些特点？

答：负压气力除灰系统有以下特点：

（1）负压气力除灰系统主要设备为受灰器、负压风机真空泵等，工作压力为−50kPa，系统出力＜50t/h，输送距离≤150m，其中受灰器灰气比介于2~10kg/kg之间，卸料阀灰气比介于20~25kg/kg之间。

（2）负压气力除灰系统的输送距离较短，不超过150m（当量长度200m），灰库须建在主厂房附近，当灰库的干灰借助车辆外运时，对厂区卫生不利；从负压气力除灰系统的实际运行情况来看，主要问题是部分部件磨损比较严重，而且负压系统的出力对设备的磨损漏风很敏感。

7. 气力提升泵输送系统有哪些特点？

答：气力提升泵输送系统主要设备为空气斜槽+气力提升泵，工作压力介于0.3~0.6kPa之间，系统出力40t/h，输送距离≤60m，灰气比＞30kg/kg，适用于连续输送，结构简单，是可就近输入灰库的除灰系统。

8. 气力除灰系统设计应重点关注哪些参数？

答：气力除灰系统的设计应根据输送距离、灰量、灰的特性、除尘器型式和布置情况以及综合利用条件等确定。

9. 正、负压气力除灰系统的技术性能对比有哪些差异？

答：正、负压气力除灰系统技术性能对照表如表3-1所示：

表3-1　正、负压气力除灰系统技术性能对照表

序号	项目	正压系统	负压系统
1	适应性	适用于从一处向多处进行分散输送，即可按照程序控制分别向不同的灰库或供灰点卸灰	适用于从多处向一处集中送灰，即无须借助干灰集中设备，可将多只灰斗的干灰通过一条输送母管，将其同时送入或依次送入灰库

续表

序号	项目	正压系统	负压系统
2	系统出力	适合于大出力、长距离输送	适合于小出力、短距离输送
3	灰斗下仓泵	与负压系统比较，由于其出力大、输送距离长，灰斗下受料设备较大	供料设备结构简单、体积小，占用空间高度小，尤其适用于电除尘器下空间狭小不能安装仓泵的场合
4	磨损情况	较轻	系统内部件磨损比较严重
5	环保	当运行维护不当或系统密封不严时，会发生跑冒灰现象，造成周围环境的污染，但漏风对系统运行稳定性的影响不大。	由于系统内的压力低于外部大气压力，所以不存在跑灰、冒灰现象，故系统漏风不会污染周围环境但对设备的磨损漏风很敏感

10. 什么是大仓泵输送系统？

答：供料设备的核心设备为仓式气力输送泵（简称仓泵）及仓泵出入口气动阀门。根据仓泵配置方式的不同，仓泵正压气力除灰系统分为集中供料式和直联供料式两种。集中供料系统是指多只灰斗共用一台仓泵，俗称大仓泵输送系统。

11. 什么是小仓泵输送系统？

答：直联式供料系统是指每一只灰斗单独配置一台仓泵，这种系统因仓泵的容积较小，因而习惯上称为小仓泵输送系统。

12. 大仓泵输送系统与小仓泵输送系统的区别是什么？

答：由于大仓泵输送系统是将多个灰斗的干灰先进行集中后再输送，增加了中间的集中设备且仓泵容积较大，相比小仓泵输送系统除尘器排灰标高需要抬得较高，因此输送距离允许的话基本都采用灰斗+小仓泵的输送方式，气源设备为空气压缩机，灰库库顶除安装有一只布袋除尘器外，还有一只压力释放阀。

13. 大仓泵与小仓泵输送系统技术性能有哪些区别？

答：大仓泵与小仓泵输送系统技术性能对比如表3-2所示：

表3-2　大、小仓泵输送系统技术性能对比

序号	项　目	大仓泵输送系统	小仓泵输送系统
1	输送机理	悬浮+疏密流	集团流+栓流（静压 + 动压）
2	灰气比（kg/kg）	5～15	10～30
3	初速与末速（m/s）	12/40	4～5/8～10
4	灰斗下仓泵布置方式	多灰斗共用一只大仓泵	每只灰斗配一只小仓泵
5	仓泵出口灰管配置	每台仓泵配一根灰管	两台或多台仓泵一根灰管
6	仓泵容积/数量	较大/较少	较小/较多
7	灰管磨损情况	较严重	较轻
8	排灰斗标高	较高	较低
9	输送方式	间歇	连续
10	投资费用	高	略低

目前小仓泵输送系统在国内燃煤电厂应用最多，技术也较成熟。

14. 负压气力除灰系统的基本构架是什么？

答：负压气力除灰系统同样是在电除尘器的每只灰斗下分别装一台供料设备。负压气力除灰系统常用的供料设备有除灰控制阀和受灰器（目前采用除灰控制阀的系统较多），同时设置专用的抽真空设备（抽真空设备可选用回转式风机、水环式真空泵），并要求在灰库顶部设置2～3级收尘器，通常以高浓度旋风分离器作为一级收尘器，以脉冲布袋收尘器或电除尘器作为二级收尘器的配置形式居多。

15. 什么是微正压气力除灰系统？

答：微正压气力除灰系统是一种正压、负压气力除灰之后的较新型的粉煤灰输送系统。由于微正压气力除灰系统的供料设备采用的是气锁阀，因此又称为气锁阀正压气力除灰系统。

16. 微正压与正、负压气力除灰系统相同点是什么？

答：微正压气力除灰系统的气锁阀和仓泵正压气力除灰系统的仓泵都是借助于外部气源压力的仓泵，只是罐体结构及气源压力有所不

同。此外，微正压气力除灰系统的库顶布袋收尘器的结构原理与仓泵正压气力除灰系统也相同。微正压气力除灰系统与负压气力除灰系统相似，都是采用直联方式，即每一只灰斗配置一台气锁阀，几台气锁阀共用一条分支管路，几条分支管路共用一条输灰母管。

17. 微正压与正、负压气力除灰系统不同点是什么？

答：微正压气力除灰系统通常用回转式鼓风机作为气源设备，额定压力小于200kPa，仓泵的额定压力则要高许多。与负压气力除灰系统相比，微正压气力除灰系统的输送量较大，输送距离也较远，同时简化了灰库库顶的灰气分离设备。其缺点是气锁阀数量多、价格高、阀板、平衡阀、平衡管磨损较严重，检修维护工作量较大。

18. 双套管气力除灰系统的工作流程是什么？

答：双套管气力除灰系统工作流程为：物料经密相发送装置（可以是单个的，也可以是几个的组合）流化，高浓度地被压送到气灰混合比调节装置，在这里高浓度的物料被输送的压力空气稀释，调节到最佳的输送灰气比，然后物料进入输送管道。

19. 双套管输灰管道的工作原理是什么？

答：双套管输灰管道主要是采用在普通输灰管内增设一根较细的内套管，内套管的底部每间隔一定距离开设一定形状带垫圈的开口。通过内套管的作用，对输灰管的飞灰增加了一个挠动，从而使原来沉积在管底的飞灰在输灰管内的输送空气的作用下，顺利地被送入灰库。

20. 双套管输灰管道堵管机理是什么？

答：当双套管的下部出现如图3-1所示的灰堆时，即出现了堵管现象，从而使输送空气在此处形成了压降的剧增，空气被迫进入辅助内管，并在内管的下一个开口处流出再度进入辅助管道，从而在流出口形成了人为附加的紊流流动状态，这个紊流效应能消除已积聚的灰堆。

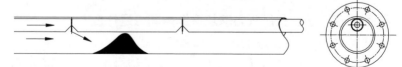

图3-1　双套管下部堵管现象

21. 双套管输灰管道是怎么样达到紊流输送效果的？

答：图3-2、图3-3形象地描述了浓相紊流双套管的输送原理，输送方向为向右，安装在输送管道内部上方带气流流出口的是辅助内套管。

图3-2 浓相紊流双套管输送原理示意（一）

图3-2：左面正在堆积的灰堆迫使气流部分进入辅助内管的前一开口，从下一开口流出气流产生紊流流动作用以消除堆积的灰堆。

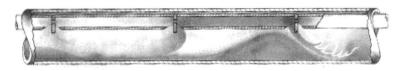

图3-3 浓相紊流双套管输送原理示意（二）

图3-3：气流流入和流出辅助内管的过程在整个输送途中不断重复，不断积聚的灰堆通过不断流出的紊流气流得以消除。产生的最终结果是，通过采用低的输送速度取得一个高灰气比的物料输送以及相应剧烈减少的管道磨损。

22. 单管气力除灰系统的工作流程是什么？

答：单管只是相当于双套管而言的，即普通输灰管内不设置内套管。管道通常采用厚壁无缝钢管，弯头采用专用耐磨弯头或陶瓷耐磨弯头。单管除灰系统工作过程为：飞灰沉积在除尘器灰斗，在重力的作用下落入安装在除尘器（或省煤器或脱硝）灰斗下方的仓泵中。在每个排灰斗下各设置一台仓泵，仓泵内的干灰通过空气压缩机产生的压缩空气经无缝钢管输送至灰库内。

23. 什么是单管气力除灰系统？

答：单管气力除灰系统为正压、下引式、浓相、栓流式输送系统。就名称而言，正压相对于负压而言，正压系统动力部分采用螺杆压缩机，负压采取真空泵；所谓下引式是相对于上引式来说的，意思就是灰的出口在仓泵的下方；而浓相则是相对于稀相而言的，也就是在同等输送条件下，用栓流式输送系统要比悬浮式输送系统的灰气比高；栓流式是从系统的输送原理上来讲的，悬浮式输送系统中，气流使物料在输送管道中保持悬浮状态，颗粒依靠气体的动压能向前运动，属于动压输送，而栓流式系统中，物料在输送管道中保持高密度聚集状态，料栓是在前后气体静压差的推动下向前运动，属于静压输送，静压输送流速小、能耗低。

24. 单管气力除灰系统物料流动状态如何？

答：灰气混合物在密闭的管道中的流动状态实际上很复杂，主要随气流速度及气流中所含物料量和物料本身物性等的不同而显著变化。通常，根据管道中气流速度及输送物料量多少、物料在管道中的流动状态，可分为二类，一类为悬浮流，物料颗粒是依靠高速气流的动压推动的；另一类为集团流或栓流，物料颗粒是依靠气流的动压或静压推动的。气流速度越大，颗粒在气流中的悬浮分布越均匀；气流速度越小，粉粒则越容易接近管底，形成停滞流，直至堵塞管道。悬浮流为气动力输送，栓塞流为压差输送。灰气在管道中的实际流动状态通常是不稳定的，在同一管道中也可以同时有几种形式出现。

25. 决定单管气力除灰系统输送阻力、输送效果的先决条件是什么？

答：根据气固两相流悬浮输送理论及其相关试验可知，灰管内灰气混合物的流动状态是决定其输送阻力和输送效果的先决条件。气流在管内的流动越紊乱，则沿灰管断面的浓度分布越均匀，因而就越不容易堵塞。气流在管内的流动越平稳，灰粒受到的扰动力越小，当这种扰动力不足以克服颗粒重力作用时，就会逐步产生颗粒沉降，出现灰在管底停滞，即形成空气只在管子上部流动的"管底流"，或者出现停滞的灰在管底忽上忽下的滚动流动，最终造成管道堵塞。

26. 影响气力除灰系统堵管的因素是什么？

答：影响气力除灰系统堵管的因素有：

（1）系统参数的设定，包括仓泵内压力、流速、灰气比及系统的密封性（仓泵、阀门及管道）等。

（2）灰源，包括灰的特性、沉降灰及灰温等。

（3）输送气源，包括气源压力、气量、气源品质（含水、含油量）等。

27. 影响输灰管道磨损的因素是什么?

答：影响输灰管道磨损的因素有：

（1）输送粉煤灰的特性，包括颗粒粒径、成分、形状、硬度和黏附性等。

（2）管道介质流速，管道磨损量大致与管道内灰颗粒冲击管壁的速度的三次方成正比。

（3）输送浓度，即灰气比，灰气比越高，管道磨损越严重。

（4）输灰管，包括输灰管的材质、管径、配管方式等。

（5）流动状态，输灰管内的流动状态与灰气比密切相关，常规悬浮输送对管道的磨蚀远大于栓塞输送。

28. 输灰管道的布置应注意哪些问题?

答：输灰管道的布置应注意以下问题：

（1）尽量减少弯头数量。

（2）采用大曲率半径的煨弯管。

（3）水平管与垂直管合理配置。

（4）合理配置变径管。

29. 双套管、单管气力除灰系统的共同点有哪些?

答：双套管、单管气力除灰系统的共同点是：均采用下引式仓泵+输灰管，集除尘器灰斗下干灰集中与输送为一体，中间环节少、系统相对简单，且输送浓度高、耗气量少、能耗低、管道内流速小、磨损轻微，不堵管。

30. 双套管、单管气力除灰系统的不同点有哪些?

答：双套管、单管气力除灰系统主要区别是：所适应的输送距离不同，一般而言，双套管气力除灰系统更适合于较长距离的输送（当量距离＞800m），而单套管气力除灰系统更适合于较短距离的输送（当量距离＜800m）。

31. 双套管输灰管道如何解决高速磨损问题?

答：双套管输灰管道是静压输送机理，物料是以半栓塞状运动，且上部又有双套管分流气流，因此物料运动速度大大低于气体运动速度，与常规正压输送系统相比，即使是同样的系统计算流速，其物料的流速也远低于常规正压输送系统。物料对其他物体的磨损速度与该物料运动速度的3次方成正比，双套管低速密相输送系统同常规系统相比，物料的输送真正运行在低速状态下，因此对管道和弯头的磨损可以降到最低。

32. 双套管输灰管道如何解决堵管的问题？

答：双套管输灰的运行从另一个角度来说，实际上是一个堵管—疏通—再堵管—再疏通的反复循环，系统在似堵非堵的状况下进行输送，是一个动态的自动吹堵过程，而不会像常规正压输送系统那样发生堵管时须停止正常输送程序，进行专门的吹堵，甚至卸管疏通，造成费时、费工、费料的损失，从根本上解决了堵管问题。

33. 双套管气力除灰系统的优势有哪些？

答：高灰气比低能耗输送，是每个输送系统追求的目的，以实现较好的经济效益。双套管气力除灰系统低流速、不堵管的特点，决定了其能在较其他输送系统灰气比高得多的工况下运行，即使在设计时选择灰气比过高，只是影响输送时间，不会造成堵管，而常规正压输送系统选择高浓度输送极易发生堵管；正因为是高浓度输送，又保证了双套管系统输送机理的实现。所以说，相对于其他常规正压输送系统，双套管气力除灰系统真正实现了高浓度输送，有较高的性价比。

34. 双套管输灰管道的缺点有哪些？

答：双套管输灰管道的缺点是：制造工序多、成本大、安装工艺要求高、内套容易脱落。

35. 单管气力除灰系统的优点有哪些？

答：单管气力除灰系统具有系统配置简单、投资量小、成本低、直管寿命长等众多优点。在长距离输送系统中，通常是通过变径来降低管道流速，使输送系统安全、经济、稳定运行。

36. 气力除灰系统有哪些安全隐患？

答：气力除灰系统有如下安全隐患：

（1）烫伤。省煤器及脱硝SCR区除灰系统设备设计温度近

400℃，正常运行灰温近200℃，除尘器区除灰设备温度设计值200℃，正常运行灰温80~100℃。所以一定要注意除灰工作区域烫伤安全。

（2）窒息死亡。灰库属丁密闭环境，检修时一定要防止人员跌落至库内窒息死亡，此外灰库放灰时，防止插板阀无法关闭到位（损坏或异物卡涩），整个灰库的灰瞬间落至地面，造成放灰人员瞬间窒息死亡。

第三节 粉煤灰分选系统工艺

1. 什么是粉煤灰分选系统？

答：粉煤灰分选系统是一种以空气为载体，借助于某种压力设备（负压）及某种分级设备，将粉煤灰按照不同的细度分离开来的系统。

2. 粉煤灰分选系统的工作流程是什么？

答：分选系统自原灰库下分选预留口取灰，原灰经手动插板门、变频调速锁气电动给料机均匀稳定地送入系统主风管下灰口。进入主风管的原灰在系统负压作用下达到灰气混合，并进入气流式分级机。进入分级机的原灰在涡流离心力作用下进行粗、细灰分离，分离后的粗灰穿过分级机下部的二次风幕，经锁气卸料阀进入粗灰库。分离后的细灰及从二次风吹回的细灰，因离心力无法克服涡流的负压而被吸入分级机两侧的蜗壳，随气流进入高效旋风分离器，由旋风分离器收集的细灰经锁气卸料阀进入细灰库。含有极少量超细颗粒的气体自旋风分离器上部经高压离心风机排出，其中95%左右的含尘气体经系统回风管返回主风管下灰口前，形成闭路循环系统。另有5%左右的含尘气流经放风蝶阀进入细灰库，经库顶脉冲布袋除尘器净化后排入大气。

3. 粉煤灰分选系统有哪些特点？

答：粉煤灰分选系统采用负压设计、闭路循环、无向大气泄漏现象，系统放风进入细灰库，利用其库顶袋式除尘器收尘，可避免环境的污染，确保达到国家一类地区排放标准。同时，闭路循环在输送管道中热灰不受气象条件影响，吸湿量小、不结露，可大大减少空气湿度对分选效率的影响。

4. 保证分选系统密封、无泄漏的措施有哪些？

答：管道及设备连接处要密封；分级机、旋风分离器卸料处锁气选用特制的锁气卸料装置，既可有效隔离分选系统负压与库内微正压之间的气流互串，又可保证分选系统不与库内微正压之间的气流互串，还能保证分选系统不受灰库内气压影响，使灰顺利排入灰库。

5. 在原灰细度发生较大变化的情况下，系统调节手段有哪些？

答：系统调节有如下手段：
（1）调节高压离心风机的抽风量。
（2）调节分级机的二次风风量。
（3）调节分级机导流板位置。
（4）调换分级机涡流孔板。

6. 分选系统易磨损部位耐磨措施有哪些？

答：分选系统易磨损部位耐磨措施有：
（1）分级机蜗壳顶部采用内衬高耐磨陶瓷片的拆卸式顶盖，磨损后可拆换，机内易磨部位均衬高耐磨陶瓷片。
（2）旋风分离器进口（筒壁）衬有耐磨陶瓷片（刚玉）。确保分级机及旋风分离器使用寿命长达5年以上。
（3）系统管道易磨损处（如弯头、三通、变径管）内部粘贴耐磨陶瓷片。

7. 分选系统堵管的原因是什么？

答：分选系统浓度较低，流速较高（灰气二相流平均流速20m/s左右），系统不易造成堵管事故。当系统出现大量漏风时（愈靠近风机入口处漏风影响愈大），系统出力将急剧下降，此时原状灰库的给料机仍是满出力，大量灰会堆积在管道内，造成堵管事故。

8. 分选系统防堵措施有哪些？

答：将要发生堵管时，风机电流降低，当风机电流降低到某设定值时，发出声光报警信号，同时停止调速锁气电动给料机运行，而高压离心风机继续运行，对分选管道进行吹堵。

第四节 除灰系统设备组成

1. 仓泵是一种什么设备？

答：仓泵是一种压力罐式的供料容器，其自身并不产生动力，只是借助于外部供给的压缩空气对装入泵内的粉状物料进行混合、加压，再经管道输送至储灰库、中转仓或灰用户。

2. 仓泵有哪些形式？

答：仓泵一般分为上引式、下引式、流态化、喷射式等多种形式。

3. 什么是上引式仓泵？

答：上引式仓泵自20世纪60年代从水泥行业引入。其出料管从上部引出，高度较下引式小，灰气先在仓泵内混合充分才能排出，因此不宜堵塞。并有三种灰气比调节手段，灰气混合较好，输送距离较长。不足之处是输送浓度尚不够稳定，本体阻力较大，罐底阀和透气阀磨损较快。

4. 什么是下引式仓泵？

答：下引式仓泵自20世纪70年代从水泥行业引入。其出料管由罐底向下引出，不需要在罐内先将灰进行气化，而是靠灰本身的重力和背压空气作用力将灰送入输送管内。本体阻力较小，输送浓度较高，适用于输送距离短、出力大的情况。缺点是灰气混合不太均匀，运行稳定性较差，远距离输送易堵管，出料喷嘴和透气阀磨损快。

5. 什么是流态化仓泵？

答：流态化仓泵属于上引式出料方式，只是在泵体下部增加了流态化透气层，并在透气层中心垂直向上对准出料管入口安装一只空气喷嘴，用以调节出力。出料管出口处设有环形二次风嘴，使灰气混合均匀悬浮输出，因此系统运行相当稳定，不易堵管。该仓泵输送耗气量较小、出力较大，输送的阻力较低，除灰管道的磨损减轻，比较适于长距离输送等优点。

6. 什么是喷射式仓泵？

答：喷射式仓泵为20世纪80年代国内自行研制。其出料管为下引式，但在出料管出口处增装气力喷射器。泵体内设环形气化风管，在下部出口设弧形放灰门。灰气混合较均匀，出力较大。

7. 目前气动进、出料阀有哪些种类？

答：一般有圆顶阀、旋转摆动阀、双闸板阀。

8. 圆顶阀工作原理是什么？

答：圆顶阀是一种以半球体作为阀芯的球阀，气动执行器采用回转推杆式直缸驱动，在气固两相流管道上作关断或切换用。此阀在启闭过程中球阀瓣与阀座不接触，半球阀芯与壳体之间有2mm间隙，阀门的启闭转矩小，很少磨损，从而可以提高阀门的使用寿命，即使在高温热膨胀时也不会发生卡滞现象；而在阀门关闭时，安装于阀壳槽内的密封圈会在空气压力的作用下紧贴半球阀芯，产生良好的密封效果。目前，圆顶阀为我国电力除灰行业使用最广泛的阀门，市场占有率高达70%以上。

9. 圆顶阀的特点有哪些？

答：圆顶阀的特点如下：

（1）无摩擦启闭，开启自如，不易卡涩，并且保证密封面在启闭过程中无摩擦损耗。

（2）关闭后充气密封，柔性密封圈在高压作用下，紧紧贴住圆顶，其接合面呈带状，密封性能好。

（3）独特阀芯结构，能够横向切断物料柱。

（4）曲轴设计，阀门开启时全截面通流，物料与阀体、阀板不接触，无磨损，并保护圆顶密封面。

（5）高温或特殊场合，采用不同材料的密封圈，可承受−20~480℃的温度。

（6）自动监测密封气压并有报警功能，确保密封良好。

10. 旋转摆动阀工作原理是什么？

答：旋转摆动阀是通过旋转轴带动阀板运动，使得阀门开关动作时的运动力为旋转运动。气动执行机构的活塞杆、密封填料不与介质直接接触，大大延长了气动执行机构的使用寿命。

11. 旋转摆动阀的特点有哪些？

答：旋转摆动阀的特点如下：

（1）密封性能好，采用精密双平面研磨工艺，保证每一个密封环接近绝对平面。

（2）耐磨性强，阀板采用硬质合金金属或氧化锆陶瓷材料。

（3）无卡灰或积灰现象，采用无积灰阀腔设计、球墨铸铁精铸、阀板自研磨。

（4）开关无卡涩现象。

12. 双闸板阀工作原理是什么？

答：在气缸的带动下，闸板自行开启关闭阀门，双闸板之间采用浮动连接，双闸板依靠弹簧预紧力与阀体密封面吻合，在介质压力的作用下形成可靠的单向自动密封；同时，由于采用浮动连接，双闸板在启闭的同时沿中心作无规则旋转，对阀座密封面起到了一定的自研磨以及抛光清洁作用，使密封闸板周围均匀承受物料的冲击和磨损，避免了闸板在长期运行过程中局部损坏或磨穿，使其寿命大大延长。另外，由于弹簧的作用，可以自动补偿阀门的磨损，以达到彻底密封的效果。

13. 双闸板阀的特点有哪些？

答：双插板阀的特点如下：

（1）料口全流通无阻挡物，有吹堵装置，卡灰、积灰现象少。

（2）耐磨性好，使用寿命长。

（3）可任意位置、角度安装。

（4）结构紧凑、安装方便。

（5）具有密封填料自调整装置，密封性好。

14. 省煤器及脱硝区除灰设备有哪些特殊要求？

答：省煤器、脱硝每个排灰斗下均各设置一套仓泵，仓泵及所有阀门须耐高温。

15. 灰库的主要功能有哪些？

答：灰库的主要功能是接收省煤器、脱硝、除尘器灰斗气力输送过来的干灰。干灰在灰库顶层进行气灰分离，然后被储存在干灰库内，含尘气体经过净化并达到排放标准后排放到大气。储存在灰库内的干灰或按综合利用用户需求直接装入罐车外运或通过搅拌机加水喷淋后用自卸汽车运至灰场碾压堆放。由于储存的干灰量较大，通常采用混凝土平底灰库。罐车外运的灰库应加装防扬尘泄漏大面积污染的喷淋设施。

16. 灰库的主要设备有哪些？

答：灰库顶层主要设备有布袋除尘器和压力真空释放阀。如果需要在灰库区进行粉煤灰分选，分选设备一般均布置在灰库顶层。

为保证下灰流畅、避免干灰起拱，储灰层通常布置有气化槽，并配有灰库气化风机及电加热器等。

灰库运转层主要设备有干灰散装机及配套的关断门、电动给料机，双轴加湿搅拌机及配套的关断门、电动给料机等。

17. 气流式分级机有哪些特点？

答：气流式分级机有如下特点：

（1）结构合理，性能更稳定、可靠，达到了增加分级机分级细度，提高分选效率、提高产率的目的。

（2）分级机内无转动部件，维修量小，分级机本身无动力，减少了磨损。

（3）分级机通过控制弧形板与上导叶的间距，控制弧形板部位气流，可起到较好的预分离作用，而磨损及阻力却大大减小。

（4）通过调整导流板位置、二次风风量或调换涡流孔板等方法，能灵活、方便地生产符合国家标准的Ⅰ、Ⅱ级灰，特别适用于电厂工况、煤质产生变化引起原状灰细度变化时的分选细度调整。

（5）分级机易磨损部位均内衬高耐磨陶瓷片。

18. 高效旋风分离器有哪些特点？

答：高效旋风分离器有如下特点：

（1）旋风分离器是应用较广的除尘器，它利用含尘气体沿切线方向进入旋风筒时所产生的离心力，使粉尘从气体中分离出来。

（2）旋风分离器下料口设有锁气卸料阀，以防卸灰时漏气，保证了旋风分离器的效率。

（3）旋风分离器易磨损部位，分别衬高耐磨陶瓷片。

19. 高压离心风机有哪些特点?

答：高压离心风机有如下特点：

（1）在传统风机基础上进行改进设计，使流道更加合理，改善了流道内的空气动力性能，采用单板叶片，减少了介质中粉煤灰对叶片表面的冲刷，提高了叶轮的使用寿命。

（2）性能曲线平坦，风机的性能可调性好，能满足从低负荷到满负荷的不同需要。

（3）效率高、能耗低，在设计过程中充分考虑高效节能技术，使用工况点的效率在80%以上。

（4）叶轮采用耐磨整体热喷涂技术，采用新型耐磨材料，对不同的磨料磨损技术，喷涂不同的耐磨层，与母材形成极强的结合，且涂层均匀不影响平衡，使用安全可靠，同时大大提高了整个风机的使用寿命，从实际使用及实验数据来看，使用寿命较传统风机提高三倍以上。

20. 分选变频电动给料机有哪些特点?

答：分选变频电动给料机要保证系统出力、保证系统正常运行、保证分选效率，各给料点必须保证不漏气。针对系统要求，叶轮与壳体内壁的间隙始终保持为零间隙，且不会卡涩，即使给料机进、出口压差达0.05MPa，气流也不会串动。

第一节　压缩空气气源设备的运行维护

1. 什么是螺杆式空气压缩机?

答:螺杆式空气压缩机是容式压缩机的一种,靠装置于机壳内互相平行啮合的阴阳转子相互啮合,形成工作容积,随着转子转动,该工作容积的大小发生周期性变化,实现气体压缩。工作循环分为吸气、压缩、排气三个过程。

2. 空气压缩机油路工作机理是什么?

答:空气压缩机油路工作机理如下:

(1)所需的油从压力储气罐中抽取,通过温控阀(它在油温高于55℃时关闭油冷却器的旁通管路,打开进入油冷却器的管路),流经油过滤器,送入压缩机空气端。

(2)在油分离器芯中分离出来的油通过油管路送入压缩机空气端,整个油路的循环是靠系统中的自然循环压力差驱动的,由于在油路中的压力差约为1.5bar(1bar=10^5Pa,余同),当压力储气罐的压力在7bar时,油大约以5.5bar的压力流入空气端。

(3)螺杆压缩机卸载运行时,由于进气调节器关闭,在进气口区域(油注入口)形成了真空状态,从而提供了足够的压力差和所需的注流量。

3. 空气压缩机系统工作流程是什么?

答:所需的空气吸入进气过滤器,经进气调节器进入压缩机空气端,在压缩过程中,吸入的空气经注入的油冷却,产生的油、气混合气切向注入压力储气灌,经预分离器及随后的油、气分离器中精细分离后,含油量很低的压缩空气通过最小压力止回阀、后冷却器送入后级干燥设备干燥,干燥后的压缩空气进入压缩空气管网系统以供用气设备使用。

4. 空气压缩机冷却系统与冷凝液排放系统包括哪些?

答：空气压缩机冷却系统与冷凝液排放系统包括：

（1）冷却系统包括空气冷却器和油冷却器，水冷型空气压缩机设计有一个冷却水系统，水从进水管流进经过空气冷却器和油冷却器内的换热水管，然后由出水管流出。

（2）冷凝液排放系统包括冷凝液自动排污口和冷凝液手动排污阀，安装在气水分离器上，以便在压缩机运行中自动排放冷凝液和在压缩机停机后手动排放冷凝液。

5. 空气压缩机是如何卸载与加载的?

答：空气压缩机卸载与加载过程如下：

（1）当出口管压力达到卸载压力值时，空气压缩机就会自动转换到空载运行方式，在空载运行阶段，冷却（通风/冷却水）会根据温度情况自动关闭，当续运行阶段已过，电动机会在用完预设的续运行时间后停机，压缩机转换到待命方式。

（2）在卸载过程中压力低至加载压力时，空气压缩机会自动转换到加载运行状态，电动机会自动启动并进入加载运行状态。

6. 空气压缩机的运行方式有哪些?

答：空气压缩机的运行方式如下：

（1）在控制器上将卸载压力设定在最大工作压力值（高于比例调节器的设定值0.3bar），标准比例调节器的使用范围只能在7bar和额定压力之间。

（2）若输入压力增高（压力储气罐的压力增高），比例调节器的输出压力会在调节范围内不断降低（进气调节器的动力汽缸中的控制压力相应降低），碟阀自动关闭，从而使进气得到节流。

（3）连续运行只有有限的节流功能，它能将供气流量减少到70%，达到该数值后，控制器将把螺杆压缩机切换到空载运行状态。

7. 空气压缩机电脑控制器的作用有哪些?

答：电脑控制器的作用如下：

（1）电脑控制器根据相关的可编程序设定值，即卸载压力、加载压力、续运行时间等的设定值，通过控制压缩机的自动加载、卸载、停机，使气网压力保持在设定的范围内。

（2）通过与运行相关的参数控制压缩机在一个正常安全的运行环境下运行，当相关数据达到危险范围时，会发出报警或跳机，以对压缩机起到保护作用。

8. 空气压缩机启、停操作方式有哪些？

答：空气压缩机启、停操作方式如下：

（1）实地控制方式：压缩机将执行由控制面板上的按钮输入的指令。如果压缩机的开/停机指令已编制好，则通过"时钟功能"将这些指令激活。

（2）遥控控制方式：压缩机将执行机构由外部开关输入的指令。紧急停机按钮而保持激活，通过"时钟功能"编制的压缩机开机/停机指令仍可激活使用。

（3）远程控制方式：上位机控制压缩机。

9. 空气压缩机启动前应检查的内容有哪些？

答：空气压缩机启动前应检查的内容如下：

（1）检查油位，油应当澄清，油中的气泡也必须已释放，油位必须在透明玻管最低标记以上。如若需要，可将油加满。

（2）打开冷却水进水阀和调节阀。

（3）如果在近6个月中压缩机一直没有使用过，开机前必经改善压缩机主机的润滑情况，拆除进气软管、卸荷阀，并向压缩机主机内注入3/4L的螺杆压缩机专用油，然后重新安装好卸荷阀组件并连接好进气管，确保所有的连接都牢固。

（4）检查水、油、气管道是否有泄漏。

（5）检查电源指示灯是否亮。

（6）检查罩板或其他防护装置是否完整可靠。

10. 空气压缩机启动的步骤是什么？

答：空气压缩机启动步骤如下：

（1）接通电源，注意接通电源后，会显示LED测试，应按启动键对此确认后再启动机器；按复位键使机器运行前纠正所有故障情况并予以确认。

（2）打开管道出口供气阀。

（3）按开机按钮，主电机以Y方式启动。进气调节阀关闭。由于在注油处形成真空压力，油、气分离器开始向空气端供油。冷却水电磁阀通电，并打开。

（4）切换到△方式运行后，卸载电磁阀、放气电磁阀通电。系统中的空气经由卸载电磁阀流入进气调节器的动力汽缸，进行循环。压力储气罐与进气通道的接头由放气电磁阀关闭。减压阀可对动力汽缸的控制压力进行限制。

（5）进气调节器中的蝶阀开启。系统压力约为0.45MPa时，最小压力、止回阀打开。压缩空气开始排入用户管道（干燥机进口）。

11. 空气压缩机运行中注意事项有哪些？

答：空气压缩机运行注意事项如下：

（1）如果自动运行指示灯亮，则表示电脑控制器正在自动控制压缩机的运行。即加载、卸载、电机停机和重新自动启动。

（2）定期检查显示屏上的读数和信息，如报警指示灯亮或闪烁时，则须先排除故障，及时对相应部件进行保养或更换，同时对报警信息进行确认。

（3）在对空气压缩机进行任何保养、维修或调整之前，须让压缩机停机，按下紧急停机按钮，切断电源，并让压缩机卸压。

（4）通常压缩机处于自动运行状态，即由电脑控制器控制自动加载、卸载、电机停机和重新自动启动。如果需要的话，可以手动控制压缩机。

（5）手动开机：压缩机处于自动运行状态时，电脑控制器会限制电机的启动次数，如压缩机手动停机，则在停机6min内不能重新启动。

（6）不要在运行中打开侧面厢板，以免噪声泄漏或机体热表面烫伤人。

（7）更不能运行中对设备进行维修、调试、调整、紧固等工作。

12. 空气压缩机正常停机的步骤是什么？

答：空气压缩机正常停机的操作步骤如下：

（1）按停机按钮，卸载电磁阀、放气电磁阀失电，进气调节器中的蝶阀关闭，系统卸压。约30s后电机停转。冷却水电磁阀失电，并关闭。

（2）紧急情况下停机时，按紧急停机按钮，报警指示灯会闪烁。排除故障后，在重新开机前应将紧急停机按钮复位。

（3）关闭供气阀，并切断电源。

（4）打开冷凝液手动排污阀。

（5）关闭冷却水进水阀（适合水冷空气压缩机）。

（6）如果可能达到冰点，则须将冷却系统全部放空。

13. 如何在压缩机停止运行前将其从压缩空气系统中隔离出来进行全面检修？

答：隔离步骤如下：

（1）让压缩机停机，并关闭供气阀。

（2）切断电源，并切断压缩机与主电源的连接。

（3）释放压缩机内部的压力。

（4）关闭与供气阀相连的部分空气网，并使其泄压，解除压缩机排气管与气网的连接。

（5）关闭压缩机冷却水管并使其与冷却水管网隔离。

（6）将油、水和冷凝液排放掉。

（7）解除压缩机冷凝管道与外冷凝物排放系统的连接。

14. 空气压缩机维护包内容有哪些？

答：维修包内容如下：

（1）油滤组件/空滤组件。

（2）油分离器芯组件。

（3）易磨损备件组件。

（4）皮带（推荐）。

（5）冷却系统。

15. 空气压缩机保养的内容有哪些？

答：保养维修间隔时间以正常工作环境和工作条件下为准，具体保养内容如下：

（1）保养项目：具体保养项目见表4-1。

表4-1　保养项目

序号	保养项目
1	通常的工业环境下（若对换油期限——4000h运行时数有疑问，应进行油样分析）至少每年更换1次油
2	更换油过滤器芯
3	更换精细油分离器芯
4	更换进气过滤器芯
5	安全阀/功能检查
6	V形皮带（仅通过目视检查）
7	检查/紧固电机开关箱中的接线端子，检查变压器的设定
8	检查/紧固螺纹连接
9	一般的保养和清洗（若环境特别肮脏，须根据需要缩短清洗期限）
10	更换皮带和清洗（建议整组更换）
11	清洗或更换冷却风进口过滤器（若环境别肮脏，须根据需要缩短清洗期限）

（2）保养内容：保养内容见表4-2。

表4-2　保养内容

运行时间（h）	保养计划	保养工作
4000	A	更换压缩机油和油过滤器
4000	B	1. 检查压力和温度的读数； 2. 执行指示灯/显示屏测试； 3. 检查可能出现的空气泄漏、油泄漏、水泄漏； 4. 更换空气过滤器滤芯； 5. 拆除并清洗气水分离器中的浮球阀； 6. 按要求给主电机的轴承加润滑油脂； 7. 测试温度故障停机功能； 8. 测试安全阀
8000	C	更换油气分离器

16. 空气压缩机使用中应注意的安全事项有哪些？

答：空气压缩机使用中应注意的安全事项如下：

（1）空气软管必须大小正确，压力合适。不得使用磨坏、损坏或老化的软管，应使用型号、尺寸、扣件和接头正确的软管。用软管或空气管吹气时应保证敞口端牢靠，否则自由端会抖动造成伤害，软管卸下前应先充分泄压。

（2）不得玩耍压缩空气或使其对准皮肤或人体，也不得用其吹扫衣服。若用压缩空气向下吹扫设备时，务必谨慎并戴防护眼镜。

（3）不得在有可能吸入易燃气体或有毒气体的环境中运行压缩机。

（4）当压力低于或高于主要参数表中的限定值时，压缩机不能运行。

（5）压缩机运行时，箱罩门应关闭只有在检查时可短时间打开。开门时应戴好防护耳罩。

（6）环境噪声大于90dB时应戴好防护耳罩。

17. 空气压缩机定期检查的内容有哪些?

答：空气压缩机定期检查内容如下：
（1）防护装置牢固可靠。
（2）软管或管道状态完好，牢固不碰撞。
（3）没有泄漏。
（4）紧固件不松动。
（5）电气元件状态完好、安全。
（6）安全阀和其他泄压装置没有被污垢或油漆堵塞。
（7）排气阀和安全管网，如管道、联轴器、管接头、阀门、软管等，都完好无损。
（8）不要减少或移动隔音材料。

18. 冷干机运行前的检查工作有哪些?

答：冷干机运行前的检查工作如下：
（1）检查电源电压是否正常。
（2）观察制冷系统，观察冷媒高、低压表，两表在一定压力下达到基本平衡，而这平衡力是据周围温度的高低而上下波动，一般在0.5~1.0MPa。
（3）检查空气管路是否正常，空气进口压力不得超过1.0 MPa，进气温度不超过45℃。

（4）检查冷却水是否正常，水压为0.2~0.4MPa，水温度≤32℃打开冷却水进水阀门。

（5）开机前必须对压缩空气管系统进行吹扫，以免杂物进入干燥机及过滤器影响使用。

19. 冷干机的启动顺序是什么？

答：冷干机的启动顺序如下：

（1）闭合电器箱内空气开关，通电完成后，电源指示灯亮。

（2）按下绿色启动按钮，接触器吸合，运转指示灯亮，压缩机开始运转。

（3）检查压缩机运转是否正常，有无异常，冷媒高、低压表是否指示正常。

（4）如一切正常，再开启空气压缩机或近出口阀门向冷干机送气并且关闭空气旁通阀，此时空气压力表会指示出空气出口压力。

（5）观察5~10min后，经过冷干机处理后的空气达到使用要求，而此时冷媒低压表只是在0.3~0.5MPa的范围，冷媒高压表指示在1.2~1.6MPa的范围，露点温度指示在2~10℃之间。

（6）打开自动排水器上的球阀，让空气中冷凝水流入排水器中，经它排出机外。

（7）避免无负载情况下长期运转冷干机。

（8）停运冷干机后，至少等3min后方可再次开启冷干机。避免连续切换，造成压缩机跳脱。

20. 冷干机的保养及注意事项有哪些？

答：冷干机的保养及注意事项如下：

（1）每日检查自动排水器，以免堵塞而失去排水作用。

（2）每日检查冷凝机组及冷却器的鳍片是否干净，以免散热不良影响冷干机效率与寿命。

（3）清洗冷凝器可用压缩空气喷枪喷洗，若严重堵塞可用清洗药剂清洗，但不得使用可能侵蚀铜管及鳍片的溶剂。

（4）随时注意保持冷干机在通风良好状态下使用。

（5）随时注意冷干机入口温度是否超过额定温度。

（6）每日检查冷媒高、低压力是否正常。

（7）每日检查冷却水是否正常。

21. 微热再生干燥器开机操作程序是什么？

答：微热再生干燥器开机操作顺序如下：

（1）确认设备已正确安装，关闭用户设置的空气出口阀、泄压阀，打开旁通阀，缓慢开启用户设置的空气进气阀使吸干机升压至工作压力，打开电磁阀前的过滤减压阀，调节压力至0.2 MPa左右并锁定。

（2）确认电源是否正确连接和通电，闭合电器箱内的空气开关，电器箱面板上的电源指示灯亮。

（3）将电器箱上的旋钮切至开机模式，设备开始运转。

（4）在吸干机正常运行2个周期后缓慢打开空气出口阀。

（5）关闭吸干机旁通阀。

22. 微热再生干燥器关机操作程序是什么？

答：微热再生干燥器关机操作顺序如下：

（1）将电器箱面板上的旋钮切至停机模式，设备停止运转。注意，此时设备并未断电，如要设备断电请将电器箱内的空气开关断开。

（2）开启吸干机旁通阀，关闭空气进出口阀。

（3）缓慢打来吸干机泄压阀，直至两只吸附塔压力表指示为零。

23. 冷干机日常检查与维护有哪些？

答：冷干机日常检查与维护内容如下：

（1）装入的吸附剂（Al_2O_3），运行一段时间后吸附床稍有下沉，要及时检查并补充或更换吸附剂。吸附剂在装入前应经筛选，去除粉尘，使其颗粒均匀。

（2）定期检查各阀门工作情况及密封状况是否良好。

（3）定期检查各电器部件接触是否良好，经常清除配电箱内外的尘埃。

（4）吸干机再生时，再生吸附塔内的压力不得超过0.02MPa。如超过此值，在确认阀门无故障的情况下，可以认为消声器堵塞，此时应拆下消声器，将堵塞物清理掉，严重堵塞并清洗不掉的，要更换消声器。

24. 空气压缩机停电常见故障原因有哪些？

答：空气压缩机停电故障的原因如下：

（1）电源故障。

（2）电压下降。

（3）电缆有故障。

（4）接头掉落或松动。

25. 空气压缩机停电常见故障处理有哪些？

答：处理方法如下：

（1）查找原因，需要时加以修理。

（2）检查所有的连线的接头和连接器是否连接合适，必要时将它们重新加紧。

26. 空气压缩机故障停机的原因有哪些？

答：空气压缩机故障停机的原因如下：

（1）紧急停机已激活。

（2）紧急停机开关不能正常使用。

（3）电缆有故障。

27. 空气压缩机电机温度高故障的原因有哪些？

答：空气压缩机电机温度高的原因如下：

（1）电机启动过于频繁。

（2）电机冷却不充分。

（3）用电需求过高。

（4）电源线有故障。

（5）电机本体有缺陷。

（6）星/三角启动器有故障。

28. 空气压缩机电机温度高的处理方法有哪些？

答：处理方法如下：

（1）限制每小时启动数。

（2）改进电机冷却系统。

29. 空气压缩机温度过高报警的原因有哪些？

答：空气压缩机温度过高的原因如下：

（1）进气温度过高。

（2）冷却不充分。

（3）机器运行时维修门板打开着。

（4）注油量/注油温度不充分/过度。

（5）油黏滞性类型不正确。

（6）温度传感器空气端出口温度探头故障（温度显示过高）。

30. 空气压缩机温度过高报警的处理方法有哪些?

答：处理方法如下：

（1）关闭进入维修门。

（2）检查，需要时更换用油。

（3）检查，需要时更换配件。

31. 空气压缩机压力过高报警的原因有哪些?

答：空气压缩机压力过高的原因如下：

（1）运行压力超过了1.5bar。

（2）在机器中压力损耗过大。

（3）总管的压力切换点太高。

（4）外部压力需求过高。

（5）进气调节器未关闭。

（6）压力传感器有故障。

32. 空气压缩机压力过高报警的处理方法有哪些?

答：处理方法如下：

（1）检查远程加载/卸载切换点。

（2）检查，必要时更换配件。

33. 空气压缩机传感器故障的原因有哪些?

答：空气压缩机传感器故障的原因如下：

（1）总管压力传感器有故障。

（2）排气压力传感器有故障。

（3）排气温度传感器有故障。

（4）压力或温度传感器有故障。

（5）连接传感器的电线有故障。

34. 空冷型空气压缩机冷却系统故障的原因有哪些?

答：空冷型空气压缩机冷却系统故障主要为机器风扇故障，其原因如下：

（1）通过进气/排气通道的阻力太大。

（2）风扇电机保护开关的设置错误。

（3）风扇电机有缺陷。

35. 空冷型空气压缩机冷却系统故障的处理方法有哪些？

答：处理方法如下：

（1）需要时安装辅助风扇。

（2）将额定风扇流量设到110%。

（3）需要时更换。

36. 水冷型空气压缩机冷却系统故障的原因有哪些？

答：水冷型空气压缩机冷却系统故障主要为冷却水量不足，其主要原因如下：

（1）冷却水温度过高。

（2）冷却水流不足。

（3）过滤器阻塞。

（4）冷却水电磁阀未打开。

（5）系统中有空气。

37. 水冷型空气压缩机冷却系统故障的处理方法有哪些？

答：处理方法如下：

（1）检查改进冷却水系统。

（2）清洁过滤器。

（3）检查并及时更换配件。

38. 空气压缩机无法正常启动常见的原因有哪些？

答：空气压缩机无法正常启动的原因如下：

（1）无运行或控制电压。

（2）故障尚未予以确认。

（3）油、气分离器压力未释放。

（4）电机出故障。

（5）空气端出故障。

39. 空气压缩机无法正常启动的处理方法有哪些？

答：处理方法如下：

（1）检查熔丝、总电源开关和输电线。

（2）确认故障信息。

（3）等机器压力释放后再启动，油、气分离器压力必须<0.4bar才能启动。

（4）检查接头、布线等。

（5）手动盘动空气端，需要时更换空气端。

40. 空气压缩机启动阶段突然停机的原因有哪些？

答：空气压缩机启动阶段突然停机的原因如下：

（1）进气调节器只能部分关闭。

（2）电气部分有短路。

（3）开关箱中的接头松动。

（4）在三角阶段油、气分离器中无压力或不能积聚足够的压力。

（5）油的黏度太大。

（6）由于手动开、关马达太频繁，超过了马达开、关的最大循环数。

41. 空气压缩机启动阶段突然停机的处理方法有哪些？

答：处理方法如下：

（1）进行修理，必要时更换进气调节器，检查卸载电磁阀。

（2）更换失效的熔丝或熔断器。

（3）检查压力保持阀和进气调节器的打开功能。

（4）按环境温度选择润滑油的类型，或安装辅助加热器。

（5）避免频繁地进行手动开和关，使电机冷却。

42. 空气压缩机机器达不到终点压力的原因有哪些？

答：空气压缩机机器达不到终点压力的原因如下：

（1）进气调节器不能完全打开。

（2）空气消耗过量。

（3）V形皮带打滑。

（4）油、气分离器滤芯堵塞。

（5）空气过滤器堵塞。

（6）压缩机系统漏气严重。

43. 空气压缩机机器达不到终点压力的处理方法有哪些?

答：处理方法如下：

（1）维修，需要时更换进气调节器、卸载电磁和放气电磁阀。

（2）减少空气使用量，或再切入一台压缩机。

（3）更换V形皮带组。

（4）更换油、气分离器滤芯。

（5）取出滤芯进行清洗或更换。

（6）检查电机。

44. 空气压缩机运行中突然跳闸的原因有哪些?

答：空气压缩机运行中突然跳闸的原因如下：

（1）环境温度过高。

（2）通风装置有故障。

（3）供电线的截面积太小。

（4）用电需求太高。

（5）油位太低。

（6）注油压力太低。

（7）油温太高。

45. 空气压缩机运行中突然跳闸的处理方法有哪些?

答：处理方法如下：

（1）给压缩机房通风。

（2）检查电动机和电动机保护开关。

（3）测量用电需求，必要时更换电线。

（4）检查油、气分离器滤芯或空气过滤器滤芯是否堵塞，需要时予以更换。

（5）将油、气分离器加满油。

（6）更换油过滤器滤芯，清洗油路。

（7）检查油冷却器和通风装置。

46. 压缩空气中含油的原因有哪些?

答：压缩空气中含油的原因如下：

（1）油、气分离器滤芯堵塞。

（2）油起泡。

（3）油位过高。

（4）最小压力止回阀的开启压力过低。

47. 压缩空气中含油的处理方法有哪些？

答：处理方法如下：

（1）更换油、气分离器滤芯。

（2）换油。

（3）检查最小压力止回阀。

48. 空气过滤器中有油的原因有哪些？

答：空气过滤器中有油的原因如下：

（1）进气调节器故障。

（2）进气调节器不能正确关闭。

（3）放气时间过短。

49. 压缩空气中含油的处理方法有哪些？

答：处理方法如下：

（1）检查滑动配合和密封表面，需要时予以更换。

（2）检查进气调节器和卸载电磁和放气电磁阀。

（3）延长时间。

50. 空气压缩机安全阀开启的原因有哪些？

答：空气压缩机安全阀开启的原因如下：

（1）安全阀故障。

（2）油、气分离器滤芯堵塞。

（3）进气调节器关闭缓慢。

（4）压力探头有故障。

（5）电子线路有故障。

（6）卸载电磁和放气电磁阀有故障。

51. 空气压缩机安全阀开启的处理方法有哪些？

答：处理方法如下：

（1）更换滤芯及调节器。

（2）检查进气调节器、卸载电磁阀和放气电磁阀。

52.冷干机不能运转常见故障及处理方法有哪些?

答：冷干机不能运转常见故障原因及处理方法见表4-3。

表4-3　冷干机不能运转常见故障及处理方法

状态	原因	故障处理
电源是否正常供电	熔丝熔断或无熔丝跳脱	确认电源是后有接地现象，并检查熔丝开关是否损坏
	断线	找出断线处，加以检修
有电源但不能启动	电源开关不良	换新
	电压异常	请对照铭牌上额定电压指示，容许范围±10%
	热保护器故障	换新
	启动继电器故障	换新
	压缩机不良	换新
旋钮开关全部正常但不能启动	压缩机不良	换新
	电线松动	找出电线未锁紧处，上紧

53.冷干机自动排水系统不良常见故障及处理方法有哪些?

答：冷干机自动排水系统不良常见故障及处理方法见表4-4。

表4-4　冷干机自动排水系统不良常见故障及处理方法

状态	原因	故障处理
排水不良	使用压力低于0.15MPa	将自动排水器最低使用压力调至0.15MPa
	空气过滤器内置自动排水阻塞	换洗或换新
	空气过滤器倾斜或滤芯阻塞	校正固定，清洗或换新

54.冷干机除水情况不良常见故障及处理方法有哪些?

答：冷干机除水情况不良常见故障及处理方法见表4-5。

表4-5　冷干机除水情况不良常见故障及处理方法

状态	原因	故障处理
配管系统错误	旁路法门未全闭	关紧旁路阀
	空气没有通过干燥机	关紧旁路阀，打开干燥机进出口阀门
	干燥机未放平	置平
	自动排水器倾斜	置平
空气流量太大	热负荷过高	空气源重新设计
排水系统异常	排水器不良	清洗或换新
蒸发器出口温度异常	露点温度太低或太高	调整压力开关
	环境温度过高	对室内环境进行降温
	入口温度过高	增设后部冷却器或改善入口空气温度
	制冷剂漏，制冷效果差	补漏，加灌制冷剂

55. 微热再生干燥器常见故障及处理方法有哪些？

答：微热再生干燥器常见故障及处理方法见表4-6。

表4-6　微热再生干燥器常见故障及处理方法

故障现象	原因分析	故障处理
闭合开关吸干机不工作	无电流输入	检查接线板上的电压
	电源开关失灵	更换电源开关
	空气开关未闭合	闭合空气开关
	电器接触不良	检查线头是否松动或更换电器
露点偏高	空气处理量超过最大值	更换处理量较大的机器
	吸附剂超过使用期限	更换吸附剂
	吸附剂被污染	检修前置过滤器后更换吸附剂
	进气压力过低或进气温度过高	增加进气压力或降低进气温度
充压时没有达到工作压力	再生阀关闭不严密	检修再生阀
	再生气调节阀全关	打开再生气调节阀
	管道和阀门连接处漏气	检漏并修复

故障现象	原因分析	故障处理
再生塔内压力大于 0.02MPa	消声器堵塞	清洗或更换消声器
	再生阀没有完全打开	检修再生阀
	止回阀密封不良	检修止回阀

56. 仪用压缩空气系统运行中注意事项有哪些?

答：仪用空气管道运行中注意事项如下：

（1）定期检查管道口所有配套设备，表针、阀门等，标记处于正常、稳定的工作状态。

（2）仪用储气罐的排污阀应定时打开，手动排污阀每班应2h打开一次将水排净。

（3）若空气压缩机有故障，检修等情况无法同时满足主厂房仪表用气和检修用气时，将首先保证仪表用气，以避免在机组运行中因压缩空气问题而发生不必要的事故。

57. 仪用压缩空气系统常见故障有哪些?

答：仪用压缩空气常见故障如下：

（1）冬季防冻期间室外增加保温及伴热。

（2）含油率过高，及时更换空气压缩机油气分离器。

（3）含水率过高，及时更换压缩空气后处理设备及仪用储气罐定期排水。

第二节　除灰设备的运行维护

1. 底部流化式仓泵日常维护内容有哪些?

答：定期检查仓泵本体结构是否完好，对上引式仓泵在检查过程中，应先拆下流化锥和进料阀，检查仓泵内壁和流化锥是否存在严重磨损。一般上引管端部磨损较为严重。如管端局部磨损，可切割局部磨漏可能导致附近仓泵内壁磨损。如磨损严重，则应采取补焊措施甚至更换仓泵本体。检查是否存在流化盘缝隙严重积灰及磨损穿孔等现象。如流化盘严重积灰，会造成边漏，影响流化效果，此时应用压缩空气吹扫流化板。如流化盘磨损穿孔，则应更换。重新装配时，流化板与流化板间的缝隙必须均匀，并均匀拧紧螺栓，清除流化室内结灰。对下引式仓泵在检查过程中，应先拆下流化锥和进料阀，检查仓泵内壁和流化锥是否存在严重磨损。一般仓泵内壁磨损较小，如出现局部较严重磨损，则应注意附近部件是否出现问题，如磨损严重，则应采取补焊措施甚至更换仓泵本体。检查是否存在流化锥磨损穿孔现象，如流化锥磨损穿孔，则应更换。

2. 上部流化式仓泵日常维护内容有哪些？

答：对于上部流化方式仓泵，定期打开流化喷嘴，检查喷嘴是否脱落及喷嘴开度是否能够满足设计要求。仓泵出口的出料装置是否有异常或影响使用，如有磨损影响使用及时更换。

3. 孔板或流量调节阀的维护有哪些？

答：定期检查仓泵空泵加压时间是否与设定时间相符，如不相符，应检查孔板孔径或流量调节阀开度是否变化并作相应调节，使之接近。

4. 进料阀、平衡阀、出料阀的维护有哪些？

答：检查阀门开关动作是否正常，有无卡涩及阀门内漏情况及气缸有无进灰现象，对于圆顶阀要重点检查密封圈是否完好无损，球头是否磨损及密封压力是否达到0.45MPa，旋转阀及插板阀重点检查阀腔内是否有积灰现象，开关是否灵活、严密，如有故障及时更换备件。

5. 进气压缩空气管路的维护有哪些？

答：不定期检查进气管路，注意是否存在漏气现象，并加以消除。检查气动进气阀动作是否正常，关闭时密封是否可靠，检查气源三联件上压力表是否在0.45~0.5MPa之间，检查气源三联件上油杯是否缺油，清理过滤器内的滤筒或更换。

6. 止回阀的日常维护有哪些？

答：定期检查止回阀，注意是否出现系统倒灰现象，如有，应加以消除。检查止回阀动作是否正常，止回阀必须三个月更换橡胶圈，保证系统正常。

7. 膨胀节的维护有哪些？

答：定期检查膨胀节是否有老化、挤压、扭曲严重变形等影响使用的情况，同时检查是否有漏灰的现象，如有影响使用的情况，及时更换备件。

8. 电磁阀的维护有哪些？

答：定期清洗电磁阀内各零件及集控阀上的消声器，保持阀体内各孔道畅通、消声器排气通畅（消声器排气不畅会造成集控阀内产生背压，导致集控阀所控制的气动阀无动作或动作异常），检查继电器动作是否正常。

9. 气化风机启动前的检查项目有哪些？

答：气化风机启动前的检查项目如下：

（1）检查气化风机及电动机的转动部分，用手盘动应轻便灵活，地脚螺栓及对轮连接应牢固，皮带张紧适中。

（2）检查润滑油油位应在油标两线中间2/3处。

（3）检查冷却水进、出阀门是否打开，并有适量的冷却水进出。检查风道畅通无堵塞现象。

（4）检查进出风管路中的阀门，根据运行方式开启（或关闭）分段门。

（5）空气过滤器、进出口消声器及弹性接头安装应牢固可靠，没有泄漏现象。

（6）检查通向各用户的手动截门（或进气门）应在"开启"位置。

10. 气化风机启用操作步骤有哪些？

答：气化风机启用操作步骤如下：

（1）启动气化风机，进入空载运转，注意观察电流表指针的变化。

（2）检查风机轴承温度、振动及润滑情况。

（3）检查机体内有无异常响声，如一切正常，逐步开大风机出口门，加载运行，注意观察电流表指针不得超过额定值。

（4）投运加热器：合上空气开关，然后打开钥匙开关，电源指示灯亮，数显温度控制仪，调整加热器出口气化风温度（试运期间，温度已整定在℃，一般情况下，不再调整）。

（5）检查各管道及气化装置应无泄漏。

11. 气化风机停用操作步骤有哪些?

答：气化风机停用操作步骤如下：

（1）停止电加热器工作，使其先退出运行，上位机操作也一样，切记先后顺序。

（2）停气化风机，关闭出口门。

（3）待压力下降到零，根据运行情况关闭或继续使用各灰斗（或灰库）的各段进气门。

12. 气化风机运行中的注意事项有哪些?

答：气化风机的运行注意事项如下：

（1）气化风辅助设施在运行中要加强巡视，注意观察各指示仪表（压力表、温度表、电流表等）的变动情况及各转动部件的润滑情况、冷却水流动情况、通风情况。

（2）检查气化风设施各设备的工作情况是否正常，发现缺陷要及时汇报值长并通知检修人员。如威胁到设备安全时，应立即停止运行。

（3）气化风机未投入运行前，电加热器严禁投运；电加热器退出运行后，方可停运气化风机，以免设备损坏。

13. 灰库进灰启用设备操作顺序是什么?

答：灰库进灰启用设备操作顺序如下：

（1）确认输灰管道的运行方式及进灰的灰库。

（2）确认仪用空压机已启动，观察灰库区储气罐，待风压正常后投运灰库顶部除尘器，检查电磁脉冲阀工作是否正常，开启除尘风机。

（3）打开灰库间连通阀门。

（4）启用输灰管道，根据输灰管道的运行方式切换气动分路阀。

（5）上述操作完毕后，投运输灰设备正常工作。

14. 灰库放湿灰设备操作顺序是什么?

答：灰库放湿灰设备操作顺序如下：

（1）根据灰库灰位及拉灰车辆情况，确定放灰灰库，并做好与灰车司机的配合工作。

（2）启动气化风机，检查和开启库底斜槽气化装置进口风门，保证气化风正常进入灰库气化槽。

（3）检查并打开手动插板阀，通常情况下手动插板阀应在"开启"位。

（4）启动双轴搅拌机，检查各部轴承及减速机、链条润滑情况。

（5）启动调湿水泵，保证管内压力不低于0.4MPa。检查并打开手动进水门。通常情况下，手动进水门应在"开启"状态。

（6）检查并确认灰车已停在下灰口，开启叶轮给料器，打开气动插板门，同时开启调湿水气动进水门。

（7）检查放灰调湿情况，必要时通过给料调速器适量调整下灰量；通过手动进水门适量调整调湿水量，使调湿灰含水分控制在20%左右（以测无干灰飞扬和灰漫流为准）。

（8）当灰车装满，需要换车时，应先关闭气动插板阀，然后关闭气动进水门，停运叶轮给料器（若暂时无拉灰车辆，还应将双轴搅拌机停运）。待下灰口无灰时再换车，以免细灰撒落地上。

15. 灰库放干灰设备操作顺序是什么?

答：灰库放干灰设备操作顺序如下：

（1）根据灰库灰位及拉灰车辆情况，确定放灰灰库，并做好与灰车司机的配合工作。

（2）启动气化风机，检查和开启库底斜槽气化装置进口风门，保证气化风正常进入灰库气化槽。

（3）检查并打开手动插板阀，通常情况下手动插板阀应在"开启"位。

（4）检查并确认灰罐车已停在下灰口标定位置，放下干式卸料头，并检查确认已对应灰罐车进料口。

（5）开启收尘管气动阀及负压风机。

（6）启动电动锁气器，打开气动插板阀，对灰罐车进行正常放灰。放灰过程中，注意观察干式卸料头与灰车罐口接合处应无细灰飞

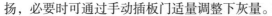

扬，必要时可通过手动插板门适量调整下灰量。

（7）当灰车装满，需要换车时，应先关闭气动插板门与电动锁气器，然后将干式卸料头提起（若暂时无灰罐车时，应将负压风机停运、关闭收尘管气动阀）。

16. 灰库脉冲袋式除尘器启动前检查内容有哪些?

答：启动前检查内容如下：

（1）检查除尘器箱体及人孔门各处密封填料应完整，各接合面应紧固、严密、无泄漏。

（2）检查喷吹管，其喷孔应与文氏管中心对准。

（3）检查电磁脉冲阀喷吹管等连接应密封可靠，不得有漏气现象。

（4）检查压差开关及电磁阀应能可靠工作，指示正确。

17. 灰库脉冲布袋除尘器启用步骤是什么?

答：脉冲布袋除尘器启用步骤如下：

（1）确认仪用空气压缩机已启动，观察灰库区储气罐压力值，并保持气压不低于0.5MPa。

（2）启动脉冲袋式除尘器与除尘风机。

（3）如需调节脉宽和脉冲间隔，可联系热工人员予以调整。

18. 灰库脉冲布袋除尘器运行中有哪些注意事项?

答：经常检查差压计变化情况，如超过或低于规定范围，应及时通知热工检修进行调整；除尘风机排气口如有冒灰现象，应通知检修检查滤袋是否脱落破损，文氏管螺栓是否松动，垫料是否老化。

19. 灰库双轴搅拌机启动前有哪些检查和准备工作?

答：灰库双轴搅拌机启动前检查和准备工作如下：

（1）检查所有轴承、传动部件和减速机内应有足够的润滑脂和润滑油。

（2）检查搅拌机内应无杂物遗留。

（3）全面检查搅拌机各部件是否完好无损，刮刀有无松动，链条松紧是否适合。

（4）检查水压力，应满足系统要求。

（5）检查搅拌机下部出料口输送卸运设备是否就位。

20. 灰库双轴搅拌机启动操作顺序是什么?

答:灰库双轴搅拌机启动操作顺序如下:

(1)按动启动按钮,检查传动部件部分的各轴承温度、振动等应在规定范围内,旋向应正确。

(2)按动叶轮给料器启动按钮,使给料器的转子旋转运行,旋向应正确。

(3)开启手动插板阀与气动插板阀,使物料经叶轮给料器均匀地向搅拌机机体输送(正常投运后,手动插板阀在调整好开度后一般不再关闭)。

(4)打开手动进水门,使水雾喷入搅拌机内与干灰均匀混合,注意打开水门与插板阀间隔的时间不宜过长(正常投运后,手动进水门在调整好开度后一般不再关闭)。

21. 灰库双轴搅拌机的停机操作顺序是什么?

答:双轴搅拌机的停机操作顺序如下:

(1)关闭气动插板阀,物料不再进入搅拌机。

(2)停运给料器,使转子停止转动。

(3)关闭气动进水门,停止向搅拌机提供调湿水。

(4)停运搅拌机。

(5)待下部装灰车辆离开后,应将机体内外打扫干净,使设备处于正常备用状态。

22. 电动给料机启动前检查有哪些内容?

答:电动给料机启动前检查工作内容如下:

(1)用手盘动对轮,应转动灵活无卡涩及异常响声。

(2)检查轴封处,应无漏灰。

(3)检查减速电机油位应在2/3处。

23. 电动给料机启、停操作顺序是什么?

答:电动给料机启、停操作顺序如下:

(1)启动前应先投运双轴搅拌机(或干式卸料头)。

(2)点动操作箱上的启动按钮,如给料器的转动方向正常,即可再次启动,投入运行。

(3)运转时,注意检查电动机、减速机的振动情况应在规定范围内，无异常响声。

（4）检查给料器端盖处严密无泄漏，减速机、电机轴承温升是否正常，一般不得高于50℃。

（5）如停运，应确认双轴搅拌机（或干式卸料头）仍在运行，可按停止按钮，给料器停运，然后清理积灰，将机体周围打扫干净，保证设备处于正常备用状态。

24. 干式卸料头的运行操作顺序是什么？

答：干式卸料头的运行操作顺序如下：

（1）空载运转：开动升降装置，使卸料头下降（或提升），观察升降应灵活、平稳、无卡死或冲击现象。

（2）松绳限位开关装置的调试：要求卸料头锥口下降到规定位置时，限位开关动作，停止下降。

（3）卸料头上升终点限位开关调试：当卸料头上升到规定悬吊高度时，限位开关动作，停止提升。

25. 干式卸料头操作注意事项有哪些？

答：干式卸料头操作注意事项如下：

（1）在装料操作时，务必把卸料头对准灰车罐口。

（2）若装料时，突然发生极大的扬尘，说明排料不畅通，应停止工作。

（3）若卸料头锥口已下降，而钢丝绳松弛时，升降装置应立即停止。

（4）操作灰罐车装料时，如发生溢流，应立即停止下灰。

（5）在卸料头提升、下降过程中，若发现卡涩、松弛等，应迅速停止，防止损坏设备和发生事故。

26. 调湿水泵空载调试有哪些工作？

答：调湿水泵空载调试有如下工作：

（1）用手拨转泵轴或联轴器，叶轮应转动灵活，无卡磨现象。

（2）打开进口阀门，打开排气阀使液体充满整个泵腔，然后关闭排气阀。

（3）用手盘动泵轴以使润滑液进入机械密封端面。

（4）点动电机，确定转向是否正确。

27. 调湿水泵启动操作顺序是什么？

答：调湿水泵启动操作顺序如下：

（1）全开进口阀门，关闭吐出管路阀门。

（2）接通电源，当泵达到正常转速后，再逐渐打开吐出管路上阀门，并调节到所需程度。

（3）注意观察仪表读数，检查轴封泄漏情况，正常时机械密封泄漏<3滴/min；检查电机、轴承处温度<70℃，如发现异常情况，应及时通知检修人员。

28. 调湿水泵停运操作顺序是什么？

答：调湿水泵停运操作顺序如下：

（1）逐渐关闭吐出管路阀门，切断电源。

（2）关闭进口阀门。

（3）如环境温度低于0℃，应将泵内液体放尽，以免冻裂。

29. 调湿水泵运行注意事项有哪些？

答：调湿水泵运行注意事项如下：

（1）检查进水管路必须高度密封。

（2）严禁泵在汽蚀状态下长期运行。

（3）严禁泵在大流量运行时，电机超电流长期运行。

（4）定时检查电机电流值，不得超过电机额定电流。

（5）泵进行长期运行后，由于机械磨损，使泵体噪声及振动增大，应停车检查，必要时可更换易损零件及轴承。

30. 灰斗下灰不畅的故障原因有哪些？

答：灰斗下灰不畅主要因为灰斗中灰的存放时间较长，灰温较低，造成灰结露受潮黏结，引起卸料不畅，严重时甚至"起拱"堵塞。灰斗应当采取良好的保温和加热措施，不能向外漏灰和向内漏气；当发现卸料不畅时，应首先检查加热设备的工作是否正常，电加热器有无因短路、过热烧坏而失效现象，蒸汽加热盘管有无泄漏或堵塞现象；灰斗是否有泄漏现象；气化装置的供气压力和流量是否足够，气化空气的加热温度是否适当，如有则应予以修复。对经常发生卸料不畅甚至堵塞的，没有装设气化加热设施的，最好能配置。气化装置的设置位置以越靠近易"起拱"的喉部效果越好。

31. 灰斗下灰不畅的处理方法有哪些?

答：处理方法如下：

（1）确认灰斗气化风系统是否正常投运，开启灰斗气化风系统。

（2）对灰斗进行处理，搅动灰斗下口的捅灰装置至下灰正常为止。

（3）对输灰系统进行处理，就地打开进气阀，将仓泵内保持0.2MPa压力，关闭气源打开进料阀进行反吹，多重复几次即可，但此方法用的次数较多会对进料阀有磨损，一般不建议以此方法为主要处理方法。

32. 进料阀的常见故障及处理方法有哪些?

答：进料阀的常见故障处理如下：

（1）关闭进料、出料、平衡阀，打开进气阀，仓泵压力升高缓慢，切断进气阀，仓泵压力逐渐下降，则可能为进料阀漏气。

处理方法：检查进料阀密封垫、压板是否出现磨损，如出现磨损须更换直至正常。

（2）转轴卡死，无法启闭进料阀，或进料阀关闭不到位。

处理方法：检查铜套是否缺油，如无增加气源三联件上调压阀的压力，若仍无法启闭，则给转轴座喷入清洗剂进行清洗，或拆下清洗及更换密封圈。若进料阀启闭不到位，则应调整气缸或调节螺栓直至正常。

33. 出料阀的常见故障及处理方法有哪些?

答：出料阀的常见故障处理如下：

（1）关闭进料、出料、平衡阀，打开进气阀，仓泵压力升高缓慢，切断进气阀，仓泵压力逐渐下降，则可能为出料阀损坏。

处理方法：插板式出料阀可拔去控制气管，拆下出料阀，拆下密封圈，检查密封圈与抽板是否磨损，如出现磨损，则予以更换。更换密封圈后，必须进行调整。调整方法为，用两法兰夹紧密封圈，接上控制气，把控制气压力调定在0.25MPa（调整气源三联件上的调压阀），抽动抽板，如出料阀不能启闭，则重新拆下密封圈，增加一个纸垫，重新装配试验，直至动作正常。如0.25MPa压力时出料阀抽动正常，降低气源压力至0.2MPa以下，此时若抽板仍能抽动，则拆下密封圈，去掉一个纸垫，最后直至0.25MPa压力刚能启闭为止，注意调整完后，应恢复控制气压力至0.45~0.5MPa之间。用硬密封球阀的出料阀出现磨损后，阀体予以更换。

（2）出料阀无法正常开闭，气缸无法拉动抽杆，或抽杆拉动不到位。

处理方法：增加气源三联件上调节阀的压力，若仍无法启闭，则拆下出料阀，用压缩空气清除阀腔内的结灰，并调整纸垫的层数。

（3）出料阀抽杆端部压盖处漏气漏灰。

处理方法：拧紧压盖上的螺栓即可。

34. 平衡阀的常见故障及处理方法有哪些？

答：平衡阀的常见故障处理如下：

（1）关闭进料、出料、平衡阀，打开进气阀，仓泵压力升高缓慢，切断进气阀，仓泵压力逐渐下降，则可能为平衡阀损坏。

处理方法：同出料阀第（1）种故障处理方法。

（2）平衡阀无法正常开闭，气缸无法拉动抽杆，或抽杆拉动不到位。

处理方法：同出料阀第（2）种故障处理方法。

（3）平衡阀抽杆端部压盖处漏气漏灰。

处理方法：同出料阀故障3处理方法。

35. 进气阀的常见故障及处理方法有哪些？

答：进气阀的常见故障处理如下：

（1）进气阀无法正常开启，导致仓泵内无法升压。

处理方法：检查气源三联件上调压阀压力，适当升高调压阀压力至0.5MPa，如仍无法打开进气阀，则拆开检修或更换。

（2）进气阀无法关闭或关闭后漏气，仓泵压力持续升高。

处理方法：拆下进气阀检修或更换。

36. 止回阀的常见故障及处理方法有哪些？

答：止回阀的常见故障处理如下：

（1）系统出现严重倒灰现象，止回阀不起单向作用。

处理方法：对所有气管、气阀门进行清理，更换已坏掉集控阀，然后更换止回阀。

（2）气源工作正常，进气阀正常开启，仓泵内无法升压或升压速度太慢。

处理方法：拆下止回阀检修或更换。

37. 压力表、压力开关的常见故障及处理方法有哪些？

答：压力表、压力开关的常见故障处理如下：

（1）仓泵进气时，压力表指针、压力开关不动或动作异常。

处理方法：拆下隔膜式压力表、压力开关，检查隔膜是否破损、变形或漏油，如发现漏油、变形或隔膜破损，则应更换。

（2）压力表指针、压力开关动作正常，但无信号输出。此时可能导致输送时间长、输灰堵管报警。

处理方法：检查压力表、压力开关接线端子是否松脱，接线是否正确，如仍无输出，则需更换压力表、压力开关。

38. 料位计的常见故障及处理方法有哪些？

答：料位计的常见故障处理如下：

（1）料位计无输出。

处理方法：检查料位计接线端子是否松脱，如无接线问题，请更换料位计。

（2）料未装或未到位即输出料满。

处理方法：拆下检查探头是否粘灰或调整灵敏度。

39. 电磁阀、继电器的常见故障及处理方法有哪些？

答：常见故障现象：控制系统运行正常，电磁阀或继电器无动作导致气动阀无动作或动作异常。

处理方法：更换继电器，如仍有故障，拆下电磁阀，拆开电磁头，检查是否发热，拆开电磁阀芯，清洗并加注润滑油，重新装配。如仍存在故障，则予以更换。

40. 仓泵的常见故障及处理方法有哪些？

答：仓泵除灰故障主要常见于流化装置。

（1）流化锥故障：流化锥磨损穿孔。

处理方法：更换流化锥。

（2）流化喷嘴故障：仓泵内无喷嘴气流振动声音或喷嘴脱落。

处理方法：更换流化喷嘴。

（3）出料装置故障：出料装置已磨损穿孔。

处理方法：更换出料装置。

41. 输灰系统欠压报警及处理方法有哪些？

答：输灰系统欠压报警形式可分为：

（1）气源压力降至下限出现欠压报警。

（2）仓泵加压流化阶段，仓泵内压力升高时间如大大超过一设定允许最大加压流化时间，出现欠压报警。

输灰系统欠压报警具体处理方法如下：

（1）压力开关接触不良或接线端子松脱。

处理方法：检查压力开关接线端子和触点接触是否良好并加以处理。

（2）气源压力不足，空压机供气不足。

处理方法：检查气源供气是否正常，空压机投运情况是否正常，检查冷干机制冷露点是否低于0℃，造成内部结冰并阻塞流道。检查过滤器滤芯是否堵塞。检查储气罐内是否积水太多，并相应处理。

（3）进气管路一次气进气阀未打开或流量调节阀开度太小，阻力太大。

处理方法：检查进气管路上进气阀是否打开，如未打开则应检修或更换，检查节流阀开度，并作相应调整。

（4）进、出料、平衡阀漏气比较严重。

处理方法：检查进、出料、平衡阀是否漏气，并作相应处理。

（5）程序出现混乱，同时进气的仓泵数量超出限制。

处理方法：重新调整程序。

（6）欠压报警后，如发现为压力开关故障，则可手动复位或强制送。

42. 输灰系统堵管报警现象是什么？

答：输灰系统堵管故障现象为：控制室程序控制器及现场控制箱发出堵管报警。仓泵压力升高至堵管设定压力（0.4~0.5MPa），进气阀关闭，在同一输灰管道的仓泵处于停止状态。

43. 输灰系统堵管报警原因及处理方法有哪些？

答：输灰系统堵管报警及处理方法如下：

（1）压力开关故障，造成假堵管报警。

处理方法：手动复位解除报警即可。

（2）出料阀卡死而无法打开，造成假堵管报警。

处理方法：增加控制压力，手动打开进气阀和出料阀，并进入输送状态。待仓泵压力下降到输送压力下限时，延时10~30s后手动关闭进气阀，再关闭出料阀，然后检修出料阀。完成后，手动复位解除报警即可投入正常运行。

（3）气源压力与流量不足，可能导致堵管。

处理方法：调高进气气源的调压阀压力。

（4）运行过程中阀门开闭动作异常。

处理方法：如进气阀异常关闭，出料阀无法打开或异常关闭，此时应检查调整程序及检修相应部件。

（5）进气阻力太大。

处理方法：调整流量调节孔板开度。

（6）进、出料、平衡阀漏气。

处理方法：处理进料、出料、平衡阀漏气缺陷。

（7）管道内有块状异物导致堵管。

处理方法：需清理管道，排除异物。

（8）冷干机故障，压缩空气露点升高，水分进入输送管导致堵管。

处理方法：对冷干机故障进行消缺。

（9）因锅炉煤种变化或燃烧不完全，飞灰物理性质变化或电除尘器故障后灰斗积满大量沉降灰，导致飞灰颗粒粗大，造成无法正常输送。

处理方法：调整仓泵各运行参数，提高输送流速，降低输送浓度。

（10）堵管报警后，如判断非假堵管，则应先清堵，再行以上检查处理过程。

处理方法：采用吹吸式清堵，仓泵进气，打开出料阀，待仓泵压力升高并稳定后，关闭进气，打开消堵管上的消堵阀（或打开平衡阀），释放管内压缩空气及部分飞灰至电除尘器灰斗或烟道。重复以上过程，直至吹通管道。管道吹通后，应打开进气阀、出料阀，清除仓泵及管道内残存灰，然后再行检修仓泵。注意此时如急需投运同一输灰管上的其余仓泵，则可按程控器或现场控制箱上的复位按钮，此时其余仓泵可投入运行，但注意本仓泵出料阀在其余仓泵运行时不能随意打开检修。

44. 输灰系统压缩空气进灰常见故障及处理方法有哪些？

答：输灰压缩空气进灰常见故障现象为：压缩空气管道敲击时有沉闷的声音，由于止回阀的损坏导致灰倒灌至压缩空气管道内。

处理方法为：及时更换压缩空气管路的止回阀及其他手动阀门。

45. 常见灰库脉冲布袋除尘器故障现象有哪些？

答：灰库脉冲布袋除尘常见故障现象如下：

（1）收尘阻力增大。

（2）收尘阻力过小。

（3）收尘出口粉尘浓度增大。

46. 常见灰库脉冲布袋除尘器故障原因有哪些？

答：原因分析如下：

（1）脉冲阀工作失灵。

（2）空气压力太低。

（3）滤袋破损或测压装置失灵。

（4）收尘器因花板焊缝开裂而泄漏。

47. 常见灰库脉冲布袋除尘器故障处理方法有哪些？

答：处理方法如下：

（1）检查空气压力。

（2）检查或更换调节脉冲阀。

（3）更换布袋。

（4）更换测压装置。

（5）补焊焊缝。

48. 常见灰库料位报警原因及处理方法有哪些？

答：如果控制系统与灰库极限料位连锁，则当灰库灰满至极限料位计位置时，系统报警并禁止仓泵输送（但正处于输送状态的仓泵将在结束输送状态后再停机）。此时应及时给灰库卸灰，灰库卸灰后，系统自动解除报警，并自动投入正常运行。

49. 常见湿灰卸灰设备灰、水混合不良原因有哪些？

答：湿灰卸灰设备灰、水混合不良原因分析如下：

（1）送入搅拌机的细灰不均匀或不连续。

（2）供水水压不稳定。

（3）喷嘴磨损或喷淋型式不对。

（4）喷嘴和水管堵塞。

（5）刮刀片磨损或失调。

50. 常见湿灰卸灰设备灰、水混合不良处理方法有哪些？

答：处理方法如下：

（1）检查给料器有否杂物卡涩，必要时清除。

（2）调整调湿水泵出水阀门。

（3）更换喷嘴、调整进水门。

（4）清理疏通喷嘴、水管。

（5）调整或更换刮刀片。

51. 常见湿灰卸灰设备运行不畅原因有哪些？

答：原因分析如下：

（1）刮刀片损坏或松动。

（2）壳体被板或刮刀片被硬物卡阻。

（3）轴承磨损或进入污物。

（4）齿轮、连轮及链条磨损或进入污物。

52. 常见湿灰卸灰设备运行不畅处理方法有哪些？

答：处理方法如下：

（1）紧固或更换刮刀片。

（2）清除硬物。

（3）检查清洗轴承，磨损超标时应更换新轴承。

（4）清洗链条、链轮，如磨损严重，应更换。

53. 干灰散装机收尘效果差处理方法有哪些？

答：处理方法如下：

（1）要查看收尘口的阀门是否和装车同步启动。

（2）看升降软连接是否破损，是否需要更换。

（3）料位风机是否损坏，正常料满发信号连锁关下料阀。

54. 干灰散装机升降电机不动作处理方法有哪些？

答：处理方法如下：

（1）首先要查看散装机的电源、控制线路、限位开关。

（2）其次升降锥管过截，排除积灰。

（3）机械故障，钢丝绳卡死，将其松开摆正。

55. 干灰散装机装车时不卸料处理方法有哪些?

答:处理方法如下:

（1）散装机气动阀未打开，要检查气路及二位五通电磁阀。

（2）库中粉煤灰结块或有异物卡涩，清理出料口。

（3）气化罗茨风机不转，检查罗茨风机及对应的电器元件。

56. 气化风机漏油故障原因有哪些?

答:气化风机漏油原因如下:

（1）轴承漏油，油封损坏。

（2）端盖与侧板接合面不严。

（3）油标窗密封垫损坏。

57. 气化风机漏油处理方法有哪些?

答:处理方法如下:

（1）更换油封。

（2）修复接合面密封。

（3）更换密封垫，紧固油标窗玻璃。

58. 气化风机过热故障原因有哪些?

答:气化风机过热故障原因如下:

（1）压差过大引起过多压缩热。

（2）油位过高或油的黏度大。

（3）冷却水系统故障或风道堵塞。

（4）转子之间、转子与机壳内壁之间磨损使间隙增大。

59. 气化风机过热处理方法有哪些?

答:处理方法如下:

（1）检查管道和安全阀整定值。

（2）降低油位、检查油质。

（3）恢复冷却水回路、风道畅通。

（4）解体检修，更换超标部件。

60. 气化风机通电风机不转故障原因有哪些?

答:风机通电不转故障原因如下:

（1）转子相互碰撞或转子与机壳擦碰。

（2）风机负荷过重。

（3）异物进入风机。

61. 气化风机通电风机不转处理方法有哪些？

答：处理方法如下：

（1）检查转子与机壳。

（2）检查排气压力和温度。

（3）解体清除异物。

62. 气化风机有异常噪声故障原因有哪些？

答：风机有异常噪声原因如下：

（1）齿轮间隙过大。

（2）滚动轴承间隙过大。

（3）积尘转子失去平衡。

（4）管道堵塞异物。

63. 气化风机有异常噪声的处理方法有哪些？

答：处理方法如下：

（1）更换齿轮。

（2）更换轴承。

（3）清洗转子。

（4）清除管道堵塞异物。

64. 常见电加热器的故障处理有哪些？

答：常见电加热器故障及处理如下：

（1）电源指示灯不亮，数字温度调节仪无指示。

处理方法：检查空气开关是否合上，控制回路熔断器是否完好，电源是否缺相；检查该编号回路的熔断器和电热元件，如损坏需更换；如电热元件指示为一组不亮，则是该相回路故障，先查该相电源、熔断器，再查晶闸管与线路，更换损坏件，修复线路。

（2）电热元件工作指示正常，电流表指示三相不平衡。

处理方法：如晶闸管只有半周期导通，则检查晶闸管电压调整器；如晶闸管触发相位失调，则调整晶闸管电压调整器。如仍存在故障，则与制造厂联系更换。

第三节 除灰系统优化运行与节能降耗

1. 除灰系统灰斗料位优化运行有哪些？

答：灰斗料位的优化运行如下：

（1）及时处理堵管减少灰斗高料位。堵管的主要原因是气灰比调节不当，灰量过大，气量过小或煤质太差。一旦发现堵管，首先要判断灰堵在什么地方，如果灰堵在仓泵出口至灰库的厂区部分，此时应开启吹堵阀进行吹堵，一次不行两次，直至吹开为止。如果堵在相邻两个仓泵之间，则应开启前一个仓泵的透气阀进行吹堵，将管道内的压力放掉，使管路里面的粉尘回到前一仓泵内或返回到灰斗内。

（2）灰斗灰位较低或接近空灰斗时停运输灰系统，设置循环装料时间，将灰斗灰位存至一定高度后启动输灰系统，要让输灰系统接近满出力工况下运行。

2. 进气总阀、助吹阀、仓泵流化阀对输灰质量的影响有哪些？

答：（1）进气总阀：进气量的大小直接影响输灰系统的结束压力，进气量小在仓泵流化阀没有开启、助吹阀手动门开度小的时候，输灰系统很难达到输灰结束压力，因此要求各阀门之间的配合使用。

（2）助吹阀：助吹阀在输灰情况良好时可以少开或不开，根据情况而定，在外部管道压力很高的情况，适当开启助吹阀进行调整。

（3）仓泵流化阀：流化阀是将仓泵内的粉尘吹起增大气量，快速将仓泵内的灰输出。

3. 输灰压力曲线的优化运行方式有哪些？

答：输灰压力曲线过长，且压力很低，说明输灰管路里灰量较小，气量大，仓泵内的粉尘进入输灰管路的量较小，此时可以开大流化阀手动门来提高下灰量。输灰曲线形成锯齿型时是混副阀（适用于双套管系统）频繁开启或关闭造成的，此时是两个相邻的仓泵之间的输灰管路堵塞形成的，此种现象可以增加混副阀开启的设定压力或开大堵塞处前一仓泵的流化阀，以实现曲线的调整。

输灰压力曲线达到0.10MPa以下，很长时间达不到关泵压力。它是由于助吹阀开启过小，进气总门进气量过小形成的，此时可以适量开启流化阀来增大系统进气量来实现。

输灰曲线很短且压力很低，此时，一种是灰斗下灰量太少，系统没有灰造成的，另一种是由于助吹阀开度太大，系统没有输灰之前就达到输灰压力造成的，此时系统根本没有输灰就停止输灰了，进行下一轮装灰。

4. 除灰系统进料时间的优化运行方式有哪些？

答：优化进料时间或每个单元设置循环装灰等待时间（避开各输灰子单元同时进料），减少同时输灰运行管线的数量。

5. 除灰系统的节能降耗方式有哪些？

答：根据机组负荷、输灰系统的运行参数来调整各电场（袋场）仓泵进料时间，减少空气压缩机能耗。

（1）电除尘及电袋复合式输灰系统：由于一电场的灰量占到80%，一电场的输灰不需设置循环装灰等待时间，加大一电场的输灰能力，后续电场及袋场减少装灰次数，设置循环装灰等待时间。

当一电场故障时，二电场及袋场取消循环装灰等待时间，加大输送次数，此时一电场需设置循环装灰等待时间，将一电场自然沉降灰及时输送。

（2）布袋式输灰系统；需观察灰斗积灰是否较多，输灰单元需设置循环装灰等待时间，待各输灰单元满出力输送运行。

第五章　除渣系统

第一节　概述

1. 什么是炉底渣?

答：炉底渣是指燃煤电厂锅炉燃煤燃烧后的炉底灰渣，燃煤中的矿物质在炉膛内燃烧而造成的高温作用下，经受了一定的物理化学变化后所形成的两种固态残留物为灰和渣，其中，随烟气由锅炉尾部排出，经除尘器收集而得到的颗粒物为粉煤灰，从炉膛底部收集得到的颗粒较大或呈块状的为炉底渣。

2. 燃煤电厂炉底渣的主要成分是什么?

答：燃煤电厂炉底渣的主要成分为：SiO_2、AL_2O_3、TiO、Fe_2O_3、CaO、MgO、KO等，还有部分未燃尽的炭。

3. 燃煤电厂为什么设置除渣系统?

答：由于灰渣在锅炉中会引起炉内沾污、结渣、腐蚀以及受热面磨损等问题，影响锅炉的正常运行，必须有效、及时地进行灰渣的清除。高温炉渣的及时输送处理是锅炉安全运行的必要环节。

4. 除渣系统有几种方式?

答：火力发电厂的除渣系统有两种除渣方式，即干式除渣和湿式除渣。

5. 干式除渣有几种方式?

答：干式除渣有两种方式，即风冷式干式除渣和滚筒冷渣器干式除渣。

6. 风冷式干式除渣系统用于什么锅炉?

答：风冷式干式除渣系统用于煤粉锅炉。

7. 风冷式干式排渣机的冷却介质是什么？

答：风冷式干式排渣机是利用自然空气作为冷却介质。

8. 滚筒冷渣器干式除渣系统用于什么锅炉？

答：滚筒冷渣器干式除渣系统用于循环流化床锅炉。

9. 滚筒冷渣器干式除渣机的冷却介质是什么？

答：滚筒冷渣器干式除渣机是利用除盐水作为冷却介质。

10. 常用湿式除渣有什么方式？

答：常用湿式除渣方式为：刮板式捞渣机。

11. 湿式除渣的冷却介质是什么？

答：湿式除渣是利用工业水作为冷却介质。

第二节　风冷式干式除渣系统

1. 简述风冷式干式除渣系统的发展过程。

答：20世纪80年代中期，意大利MAGALDI公司参考水泥行业的蓖式冷却机的原理，率先开发出了网带式干式排渣机（简称干式排渣机），它采用网式钢带来输送，利用空气冷却高温炉渣的设备。我国最早于1999年在河北三河电厂2×350MW锅炉上引进该系统，投入运行后，至今运行状况良好。此机组的运行开创了我国火电行业采用干式排渣机的新时代，从而逐渐替代了火电厂传统的水力排渣方式，实现了无污染、无污水、废水零排放，是燃煤电厂除渣系统的一次历史性变革。

2. 干式排渣机的工作原理是什么？

答：高温炉渣落在连续运行干式排渣机的输送钢带上，高温炉渣在输送钢带上低速运行，在负压（对煤粉锅炉而言，其正常运行状态下，炉膛为负压）作用下，受控的少量自然空气从干式排渣机外部进入干式排渣机内部，并在干式排渣机内部逆向进入锅炉炉膛，将混合在炉渣里面未完全燃烧的碳充分燃烧。自然空气与高温炉渣进行充分的热交换，自然空气将锅炉辐射热和炉渣显热吸收，自然空气温度升高到300~400℃（相当于锅炉二次送风温度），进入炉膛参与锅炉燃烧，炉渣的温度则降至100~200℃，达到冷却炉渣的目的，进而减少了锅炉的热量损失，提高了锅炉效率。

3. 干式排渣系统的核心系统是什么?

答：干式排渣系统两大核心系统是换热系统和输送系统。换热系统是通过头部风门和侧风门及锅炉负压共同完成；输送系统是由干式排渣机的核心部件输送钢带及其驱动系统共同完成。

4. 干式排渣系统的布置分为几大类?

答：干式排渣系统的布置分为四大类：干式排渣机一级进仓；干式排渣机+斗提机进仓；两级干式排渣机进仓；干式排渣机+气力输送进仓。

5. 干式排渣机一级进仓系统的组成部分是什么?

答：干式排渣机一级进仓系统，包含机械密封→渣井→液压关断门→干式排渣机→碎渣机→渣仓→卸料系统等设备，如图5-1所示。

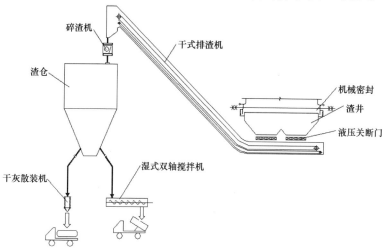

图5-1 干式排渣机一级进仓系统组成

6. 干式排渣机 + 斗提机进仓系统的组成部分是什么?

答：干式排渣机+斗提机进仓系统，包含机械密封→渣井→液压关断门→干式排渣机→碎渣机→缓冲渣斗→斗式提升机→渣仓→卸料系统等设备，如图5-2所示。

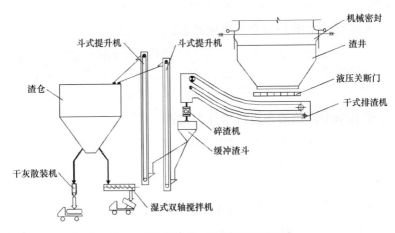

图5-2　干式排渣机+斗提机进仓系统组成

7. 两级干式排渣机进仓系统的组成部分是什么?

答：两级干式排渣机进仓系统，包含机械密封→渣井→液压关断门→一级干式排渣机→碎渣机→二级干式排渣机→渣仓→卸料系统等设备，如图5-3所示。

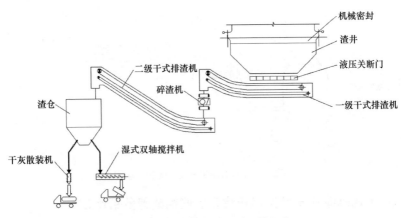

图5-3　两级干式排渣机进仓系统组成

8. 干式排渣机系统的组成部分有哪些?

答：干式排渣机系统主要组成部分包含：机械密封、渣井、液压关断门、干式排渣机、碎渣机、渣仓、卸料及控制系统。

9. 机械密封的主要作用是什么?

答：机械密封用于锅炉与渣井的连接处的密封，负责吸收锅炉各方向的膨胀变形及承受炉膛最大压力，能吸收锅炉膨胀所产生的各方向位移，能够满足锅炉底部高温、磨损等恶劣条件。

10. 渣井的主要构成和作用是什么?

答：渣井的结构成漏斗状，渣井壳体一般由10mm的钢板和型钢焊接而成，渣井内一般设有一层100mm厚轻质耐火浇注料保温层和150mm厚耐火层。渣井主要用于机械密封与干式排渣机的过渡连接，渣井后续系统故障时，暂时储存一定的渣量。

11. 渣井耐火层和保温层的主要作用是什么？

答：耐火层和保温层的主要作用是承受大焦的直接冲击；承受900℃高温；避免渣井外壁温度过高，不会对人身造成伤害。

12. 渣井进口和出口为什么进行偏心设计?

答：渣井进口和出口偏心（一般偏心500mm）设计是为了避免大焦直接落在的干式排渣机输送钢带上，减少大渣对输送钢带的冲击，保证了输送钢带的平稳正常运行。

13. 液压关断门的构成及主要作用是什么?

答：液压关断门由格栅、挤压头、箱体、驱动液压缸和液压泵站及管路部分构成。液压关断门起到关断及破碎大渣块的作用，用于干式排渣机及后续输送系统发生故障时的检修工况，允许干式排渣机故障停运而不影响锅炉的安全运行，保证启、闭灵活。

14. 液压关断门格栅的主要作用是什么?

答：液压关断门格栅的主要作用是能够有效地防止大渣的下落造成设备的冲击破坏，100%防止结焦对干式排渣机的损坏。格栅能承受40m高度处2t的结焦渣块下落的冲击。

15. 液压关断门挤压头的主要作用是什么？

答：液压关断门挤压头主要起到隔离门的作用，同时能有效地实现大渣块的预冷却、预破碎。

16. 液压关断门挤压头的驱动装置是什么？

答：液压关断门的挤压头驱动装置包括：液压缸和液压泵站及管路。

17. 液压关断门采用液压驱动的优点是什么？

答：采用液压驱动可以实现关断门的挤压头在任意位置状态启停，开、关灵活。液压驱动输出力大容易实现大渣破碎、无级调速、过载保护、自动控制，定位精度高，传动平稳，使用寿命长。

18. 液压关断门挤压头的结构特点是什么？

答：挤压头的形状成齿形，采用热变形小、耐高温、耐磨损材料铸造而成，其厚度不小于30mm。齿形挤压头的打开或关闭状态均为水平移动，垂直作用力由静止的格栅承受，齿形挤压头不受垂直作用力，即使油缸失灵也不会自动打开。

19. 干式排渣机的主要构成是什么？

答：干式排渣机的主要构成：干式排渣机壳体、输送钢带、驱动滚筒、导向滚筒、输送钢带上托辊、输送钢带压带轮、输送钢带下托辊、驱动滚筒电机减速机、清扫链（由环链和刮板组成）、驱动链轮、导向链轮、清扫链托辊、清扫链压链轮、驱动链电机减速机。

20. 干式排渣机壳体的构成是什么？

答：干式排渣机壳体一般由钢板（一般厚度为5mm或8mm）和H型钢构成，H型钢主要作用是加强和支撑托辊座。

21. 输送钢带的组成及结构特点是什么？

答：输送钢带由不锈钢网和不锈钢板组成。输送钢带的螺旋形的输送网结构，它的主要受力部件是不锈钢网，不锈钢网由一根一根的像螺旋的不锈钢丝用一根直的不锈钢丝连接而成。即使在运行过程中螺旋型的不锈钢丝有一处断裂，该螺旋型不锈钢丝还和其他螺旋型不锈钢丝连接，输送钢带还能继续运行，从而保证了输送钢带运行的可靠性。

22. 干式排渣机输送钢带的防跑偏措施有哪些?

答：干式排渣机输送钢带的防跑偏措施如下：

（1）输送钢带配有防止跑偏的装置，在干式排渣机壳体内输送钢带的两侧设有防跑偏轮，防跑偏轮能纠正输送钢带跑偏。

（2）输送钢带的张紧装置在输送钢带运行过程中，使输送钢带各点受到同样的张紧力，从而避免了因输送钢带受力不均而跑偏。

23. 干式排渣机清扫链防卡链措施有哪些?

答：干式排渣机清扫链防卡链措施如下：

（1）在清扫链驱动链轮附近安装拨链器，有效防止清扫链卡链。

（2）清扫链张紧装置使清扫链各点受到同样的张紧力，从而避免了因清扫链受力不均而出现卡链。

24. 清扫链的组成及清扫原理是什么?

答：清扫链由环链和刮板组成，刮板为重型刮板，刮板靠自重和干式排渣机壳体底部接触，将输送钢带输送干渣过程中掉下的细渣清扫出干式排渣机。

25. 碎渣机的主要组成部分是什么?

答：碎渣机主要由驱动机构（电机、液力偶合器/联轴器、减速机）、碎渣机本体、底座框架、护罩和电控柜组成。

26. 碎渣机的工作原理是什么?

答：碎渣机通过电机减速机驱动，并通过联轴器将驱动力传递到轴上，轴上固定有辊齿板和压板，凸起的齿牙以及砧板交错配合形成一个宽的有效的破碎面，在驱动力的作用下砧板和辊齿板与压板之间的滚压实现碎渣机的破碎功能。

27. 碎渣机的主要作用是什么?

答：碎渣机的主要作用是：粉碎干式排渣机输送的大渣块，防止输送系统堵塞。经过液压关断门破碎的渣颗粒小于200mm，通过干式排渣机输送钢带运输到碎渣机入口，碎渣机破碎后的渣颗粒小于30mm。

28. 渣仓附属设备主要有什么?

答：渣仓附属设备主要有：布袋除尘器、仓壁振打器、真空压力释放阀、给料机、气动插板门、手动插板门、干灰散装机、湿式双轴搅拌机。

29. 渣仓的主要作用是什么?

答：渣仓的主要作用是储存渣，储存渣量一般在BMCR工况下20h左右的排渣量。

30. 渣仓顶部布袋除尘器的主要作用是什么?

答：渣仓顶部布袋除尘器的主要作用是过滤和消除渣仓进料时产生的乏气携带的颗粒。

31. 渣仓锥体上安装的仓壁振打器的主要作用是什么?

答：渣仓锥体上安装的仓壁振打器的主要作用是防止渣板结、粘壁，便于渣仓排渣通畅。

32. 干式排渣机的优点是什么?

答：干式排渣机的优点如下：
（1）节能、节水、环保。
（2）炉渣未燃烧物质可以继续燃烧，回收了热炉渣的潜热和显热，减少锅炉的热量损失，提高锅炉的效率。
（3）炉渣未经水解，保持了炉渣成分的活性，炉渣综合利用价值高。
（4）无水蒸气，减少设备腐蚀，设备使用寿命长。

33. 为什么干式排渣机传动轴的轴承更换简便?

答：干式排渣机的转动轴承是指输送钢带上托辊、输送钢带下托辊、清扫链托辊、输送钢带压链轮、清扫链压链轮、防跑偏轮等部件的轴承。干式排渣机的转动轴承均设在密封壳体外，壳体外的温度和环境温度较接近，不用考虑温度的影响，便可直接操作、更换轴承，方便快捷。

34. 为什么干式排渣机受热可自由膨胀?

答：因为整台干式排渣机在安装时只有落料段与转弯段衔接处的

一个支腿是固定的，所以整台干式排渣机只有一个固定点，当它受热膨胀时，可沿固定点向四周膨胀。

35. 为什么干式排渣系统能处理且输送大渣块？

答：（1）干式排渣系统设置液压关断门，液压关断门的格栅只能通过尺寸200mm以下的渣块，大于200mm的渣块由关断门破碎。所以，在炉底渣进入干式排渣机之前已经进行一次破碎，进入干式排渣机的渣块尺寸小于200mm。

（2）在干式排渣机提升段的起点装有渣量检测装置，能检测到输送钢带上的渣量的情况，并在提升段起始部分设有检查孔，根据渣量调整钢带的运行速度。

（3）干渣机出口设置有碎渣机，碎渣机再次破碎渣块。

36. 为什么干式排渣机输送钢带无卡死现象？

答：因为干式排渣机输送钢带为平带，它平放在输送钢带上托辊上，不会有卡死现象。

37. 为什么干式排渣清扫链无卡死现象？

答：因为清扫链为环形链，布置在干式排渣机底部，由链轮带动转动，底部无大块物质，清扫链不会卡死。

38. 如何保证干式排渣机壳体温度不高于 50℃？

答：高温热渣在干式排渣机的输送钢带上冷却和向外输送，热渣不会直接与壳体接触，保证了壳体温度的平稳。干式排渣机壳体侧面有侧风门，自然风从侧风门进入干式排渣机能内部冷却壳体、输送钢带托辊和输送钢带，通过自然风冷却后，保证了干式排渣机壳体温度不高于50℃，接近环境温度。

39. 干式排渣机液压系统的组成部分是什么？

答：干式排渣机液压系统组成部分包括：液压油站（含油箱、油泵及电机、减压阀、滤油器、油冷却系统等）、液压油缸（液压关断门用液压油缸、输送钢带张紧用液压油缸、输送钢带张紧用同步油缸、清扫链张紧用液压油缸）、三位四通双电控电磁阀、行程开关、蓄能器、手动高压阀门、压力变送器、压力表、管接头及三通、液压油、油管。

40. 干式排渣机液压系统的作用是什么？

答：干式排渣机液压系统主要用于控制输送钢带和清扫链的张紧、液压关断门的控制。

41. 干式排渣机液压关断门的工作状态如何实现？

答：干式排渣机液压关断门的工作状态是通过液压系统实现的，液压系统中的液压缸通过液压油回路中相应电磁换向阀的电磁接通、断电，实现液压油路换向，从而改变各个液压缸的工作状态，以实现液压关断门的工作状态。

42. 干式排渣机液压系统主要应用了液压缸的什么特性？

答：干式排渣机液压系统主要是其同步性的应用，输送钢带张紧同步油缸保证干式排渣机尾部输送钢带两侧的油缸达到同步，其同步性控制在3mm以内。

43. 干式排渣机液压系统三位四通电磁阀的特点及作用是什么？

答：三位四通电磁阀的特点是：三位四通电磁阀无论在系统断电、油站停运、断控制信号的状态下，张紧装置仍然能够维持张紧压力，保证系统正常工作。

44. 干式排渣机液压系统蓄能器的作用什么？

答：蓄能器起到稳压的作用，根据张紧力大小自动调节张紧动力，保证了液压系统的稳定性。

45. 干式排渣机液压系统压力表的作用是什么？

答：压力表的作用是显示液压油压力。

46. 干式排渣机液压系统压力变送器的作用是什么？

答：压力变送器的作用是输出电流（4~20mA）信号，送至DCS模拟量模块。压力过高时报警，液压泵站停止加压，压力过低时报警，液压泵站输送的液压增加。

47. 干式排渣机电气、热控系统的组成部分是什么？

答：电气系统主要组成部分：配电柜、就地控制箱、照明箱及照明灯具、检修电源箱、电缆、桥架、防雷接地系统等。

热控系统主要组成部分：测温元件、料位开关、连续料位计、位置检测开关、电动执行器、摄像监控系统及DCS（或PLC）控制系统。

干式排渣机电气、热控系统主要给干渣系统提供动力，进行故障报警、系统运行实时监控、集中操作等。

48. 干式排渣机的接近开关、行程开关等位置检测开关的主要作用是什么？

答：接近开关、行程开关等位置检测开关是干式排渣系统常规正常运行的很重要保护元件及状态显示元件。液压关断门的行程开关显示了液压关断门的位置状态，一旦损坏无法正确知道液压关断门挤压头的位置。气动插板门阀的限位开关显示了气动插板门的位置状态，一旦损坏无法正确知道气动插板门阀的位置。打滑及断带接近开关（包括碎渣机堵转、输送钢带、清扫链打滑及断带），一旦损坏就造成假想的打滑故障或断带引起设备停止运行。接近开关出现故障必须及时检修或更换，否则会造成设备停止运行，导致渣料堆积。

49. 干式排渣机头部卸料段设置料位检测的作用是什么？

答：料位计安装在干式排渣机头部出口，用于检测干式排渣机头部出口炉渣落料情况，当干式排渣机头部出口炉渣出现炉渣堆积时，料位计发出信号报警。

50. 干式排渣机测温元件的主要作用是什么？

答：干式排渣机的测温元件是系统运行过程中实际温度的采集设备，测温元件安装在干式排渣机头部，用于检测输送钢带输送到干式排渣机头部的炉渣温度，根据炉渣温度调节干式排渣机头部风门的进风量，调节输送钢带的运行速度。

51. 干式排渣机系统料位开关、连续料位计的主要作用是什么？

答：料位开关、连续料位计是系统运行过程中重要的报警保护元件。料位开关安装的渣仓侧壁上，可以设置高、低位检测点。连续料位计安装在渣仓顶部，高料位计、低料位计显示渣仓料位高低情况；连续料位计显示渣仓料位实时状态。料位计实时监测渣仓的储渣情况，高、低料位能发出报警信号，连续料位能在远传控制系统显示。

52. 干式排渣机系统渣仓真空压力释放阀的主要作用是什么？

答：真空压力释放阀安装在渣仓顶部，主要作用是释放渣仓内的乏气，以保护仓体的安全。

53. 干式排渣机系统电动执行器的主要作用是什么？

答：电动执行器主要用于控制干式排渣机头部风门的进风量。

第三节　刮板捞渣机

1. 刮板捞渣机的作用是什么？

答：刮板捞渣机主要用于从液体与固体混合物中将符合一定粒度的固体物质分离出来，是一种连续、高效的机械式除渣设备。

2. 刮板捞渣机系统的组成是什么？

答：刮板捞渣机系统主要由渣井装置、液压关断门、捞渣机装置、张紧装置、循环水装置、液压传动装置、渣仓、电气控制等组成。

3. 刮板捞渣机的工作原理是什么？

答：刮板捞渣机设备布置在炉膛出口下，炉渣自渣井经关断门落入刮板捞渣机的上槽体内，槽内储满冷却水，红渣冷却粒化后，经环形链条牵引的角钢型刮板进步、脱水后，可直接进渣仓，然后装车外运。刮板机渣槽用10mm碳钢板配有加强筋焊接构成，刮板和链条沿布满水的上槽体向前移动，并经无水的下槽体回来，上、下槽体的底部衬有耐磨的灰绿岩铸石板。水封板由不锈钢板和加强筋构成，刺进刮板捞渣机的水槽内，以保证炉膛和大气隔绝密封，防止空气冷进入炉膛，并满足锅炉各方位的自胀大条件。溢流槽内装有一个多级斜板净化器，环形链条和刮板选用耐磨材料制作，运用寿数更长。

刮板捞渣机上层槽体充满冷却水，炉渣通过渣井、关断门等落入捞渣机上体水槽中。渣被冷却炸裂，然后随输送刮板向上槽体中的倾斜脱水段移动，大部分水在此段上又流回水槽中，而含少量水的灰渣，从捞渣机末端排出，供皮带输送或装车外运。刮板链条沿着干燥的下槽体再返回上槽体中，捞渣机配合渣井、关断门的使用，利用水封确保炉膛与大气的隔绝，防止空气漏入，并能满足锅炉各方位的自由膨胀。

4. 刮板捞渣机的刮板有哪些结构形式？

答：刮板捞渣机现有的刮板，一般为三角板截面刮板、矩形截面刮板。其中，三角形截面刮板应用较为广泛，是目前国内最普遍使用的一种刮板。

5. 刮板捞渣机三角板截面刮板有什么特点？

答：三角板截面刮板的结构特点是中空的三角形截面，刮板本体为腹板+角钢，腹板+角钢形成一个封闭的三角形截面，腹板与角钢交界处焊接耐磨条。这种结构的刮板具有刚性大、承载能力大、不易弯曲变形的优点，回链过头部扫渣帘时，三角形刮板带渣面与扫渣帘工作面垂直，扫渣帘可将90%以上的返渣扫入落渣口内。但其与设备底板的接触面较小（一般为10~20mm），使用中存在寿命低的缺陷。

6. 刮板捞渣机矩形截面刮板有什么特点？

答：矩形截面刮板为三角截面刮板升级型。刮板本体为槽钢＋腹板，槽钢＋腹板形成一个封闭的矩形截面，槽钢上下平面贴焊耐磨板。这种结构形式的耐磨板整个平面与输送设备底板接触，摩擦面大（一般为60~75mm），大大增加了抗磨损能力，刮板寿命得以提高；又因耐磨板磨损时不摩擦刮板本体，其重复修复工艺较好。

7. 刮板捞渣机刮板与链条采用何种连接形式？

答：刮板捞渣机刮板与链条采用叉型无螺栓铰链式连接，拆装、调节刮板间距极为方便，没有螺栓连接的防松防锈之弊和刚性连接的有害约束，连接可靠。

8. 刮板捞渣机刮板铰叉有哪些结构形式？

答：刮板捞渣机刮板铰叉有铸造铰叉和锻造铰叉两种结构形式。

9. 刮板捞渣机刮板铸造铰叉有什么缺点？

答：铸造铰叉存在缩松、气孔、砂眼等组织缺陷及易断裂等缺点。

10. 刮板捞渣机刮板锻造铰叉有什么特点？

答：锻造铰叉采用精密模锻成型技术，组织致密、强度高，无铸造铰叉的固有缺陷。锻造铰叉材料为优质CrMnTi合金钢，采用渗碳淬火处理，耐磨性能提高，消除了老型刮板其铰叉易于磨损的弊端。

11. 刮板捞渣机逆止式液压张紧装置有哪些张紧形式？

答：刮板捞渣机逆止式液压张紧装置目前常用的有：液压自动张紧、千斤顶自动补偿张紧、蜗轮蜗杆调节张紧等形式。

12. 刮板捞渣机逆止式液压张紧装置的特点是什么？

答：刮板捞渣机加设单向机械逆止机构的液压自动张紧装置。该张紧是目前大机组配单台捞渣机时，工作链与回程链为滑动运行结构的可靠张紧装置，此装置能保持张紧力恒定，并及时吸收捞渣机拖动链条磨损后的增长量，保证链条、刮板全程张紧，使捞渣机运行平稳，降低刮板与底板的摩擦阻力，防止捞渣机掉链、卡链，辅助脱链，减轻操作人员劳动强度。可实现远程监控，张紧行程400~600mm。张紧装置加设单向机械逆止机构，防止张紧滑块因捞渣机负载加大而回落，也杜绝了液压张紧系统突然失压或泄漏引发的张紧轴下滑，同时采用特制油缸结构，油缸为双套管结构并设手动加压泵，双套管夹层为储油腔。正常工作时油缸由张紧液压站电动油泵供给压力油，蓄能器在一段时间内保压并补充压力油；当液压站系统故障时，可切换加油回路，由油缸加压泵直接为油缸加压张紧尾轮。同时，新式张紧机构的张紧架进行了加强设计，杜绝了老式张紧架经常出现的刚性不足易变形的缺陷。

新型液压张紧装置特点如下：

（1）尾部链轮总成实现全自动张紧，减小了检修人员的工作时间和劳动强度。

（2）保证了断链检测装置的可靠性。

（3）提高尾部张紧的使用可靠性。

（4）方便调整左右链条长度一致。

13. 刮板捞渣机组合式结构导向链轮的特点是什么？

答：一般捞渣机内导轮、张紧轮、尾部导轮等改向轮其轮体为整体铸造件，在使用中普遍存在轮缘磨损快的缺陷，有时会因此造成捞渣机不正常停机。

近几年新改进的组合式结构的改向链轮尺寸、规格与原装件一致，可互换。组合式改向链轮轮体采用分体热装式结构，导轮轮体采用铸钢，与链条、刮板接触的轮缘采用耐磨钢，轮体使用寿命可提高2~3倍。

14. 现刮板捞渣机内导轮使用工况如何？

答：刮板捞渣机的4个内导轮在灰水中工作，是捞渣机最薄弱的环节。目前捞渣机的内导轮可靠性低、寿命低。原因不外乎轴封损坏→轴承腔进水→润滑脂被乳化→补充加注润滑脂困难→润滑失效→轴承损坏→导轮整体损坏。

15. 刮板捞渣机内导轮有哪些结构形式？

答：刮板捞渣机的内导轮，一般分为轴承内置内导轮、轴承外置内导轮、方形半轴探出轴承外置内导轮。

16. 刮板捞渣机轴承内置内导轮的特点是什么？

答：刮板捞渣机轴承内置内导轮为轴、轮体不同时转动，有一定跨距的双排滚子轴安装于内导轮内，与灰水接触端依次迷宫密封+双排骨架耐磨密封圈的组合密封结构，形成多道防护。内置内导轮灰渣水易突破迷宫密封与双排骨架耐磨密封圈接触，灰渣水与骨架耐磨密封圈接触后促进骨架耐磨密封圈的磨损，磨损速度加快，寿命减短，骨架耐磨密封圈短时间内失效后轴承和润滑脂直接面对灰渣水，润滑脂在灰渣水水乳作用下短时间内失效，细小的灰渣进入轴承内部极易使轴承卡住，使内导轮轴与轴承及轴承与内导轮之间摩擦力系数极小的滚动摩擦演变成摩擦力系数大的滑动摩擦，造成轴承损坏直至导轮整体损坏。轴承内置内导轮缺陷导致可靠性低、寿命低。

17. 刮板捞渣机轴承外置内导轮的特点是什么？

答：刮板捞渣机轴承外置内导轮为轴承内置内导轮的升级型，为轴、轮体同时转动型式，有一定跨距形成双支撑的二套轴承置于轴承座体内，与灰水接触端安装迷宫密封进口防介质颗粒耐磨密封圈+骨架耐磨密封圈的组合密封结构，形成多道防护。避免灰水接触轴承腔侧的轴与油封相对转动部位，从而延长内部油封的使用寿命，保证轴承的有效润滑。轴承外置式内导轮因轴承外置于轴承座体内，加注润滑脂路径短、内阻小且轴承腔设置排气孔，置换旧润滑脂、补充新润滑脂等快捷、简便。但靠近壳体一侧的密封圈一旦破损，灰渣水就会进入内导轮内部，与轴承接触，造成轴承损坏，从而造成整个内导轮失效；且内导轮密封损坏，必须在设备停机后，将内导轮从设备上卸下后更换，更换极为不便。圆形内导轮半轴被半透盖密封在轴承座内，观察内导轮是否转动需要拆下安装在半透盖上的螺母，极不方便。

18. 刮板捞渣机方形半轴探出轴承外置内导轮的特点是什么？

答：方形半轴探出轴承外置内导轮的特点是内导轮轴、内导轮轮体同时转动，在内导轮易与灰渣水接触部位依次设置机械迷宫密封+进口防介质颗粒耐磨密封圈+骨架耐磨密封圈+格莱圈密封+油脂密封+盘根密封。盘根安装于靠近壳体外侧的内导轮轴上，盘根被盘根压盖压紧，盘根、压盖外侧装有全方位积水盘。即使在防尘密封圈、骨架油封、油脂密封、格莱圈密封全部失效的情况下，盘根密封也可保证内导轮的轴密封处一分钟滴水量不超过5滴，从盘根与内导轮轴滴出的灰渣水可通过积水盘收集后倒入设备下壳体，因轴承与灰渣水完全隔离，杜绝了灰渣水与轴承的接触，有效保证了轴承、内导轮的使用寿命；而且盘根可在内导轮运行的状态下更换。方形端头内导轮半轴探出轴承座便于内导轮是否转动，处理检修，且当内导轮被异物卡住时，可用扳手等工具使内导轮正反转动，便于异物取出。

19. 刮板捞渣机铸造主动链轮与锻造主动链轮的优缺点是什么？

答：刮板捞渣机主动链轮一般采用铸造工艺制造，未经硬化处理，存在承载能力低、易断齿、齿型精度差、不耐磨、寿命低、固定不可靠等缺陷。

近阶段采用的锻造凹齿链轮具有导向性能好、不易掉链、对链条适应能力强的典型特点。锻造凹齿链轮的链齿为精密模锻成型，采用优质合金钢并经硬化处理，具有承载能力高、齿型精度高、传动平稳、耐磨损、寿命高、固定可靠等优点，消除了铸造链轮固有的缺陷。

20. 刮板捞渣机铸石耐磨层有什么特点？

答：刮板捞渣机下槽体底板采用"防破碎、防脱落衬砌技术"的玄武岩铸石衬，耐磨、抗冲击、耐腐蚀，使用寿命长；玄武岩铸石衬是经配料、熔融、浇注、热处理等工序制成的晶体排列规整、质地坚硬、细腻的非金属工业材料，密度为$3g/cm^3$、抗压强度为686MPa、抗折强度$\geq 60MPa$、抗冲击强度为$1.76kJ/m^2$、耐磨度为$0.07g/cm^2$、韦氏硬度$\geq 720kg/mm^2$、弹性模量（室温）为$1.67 \times 10^5 MPa$、膨胀系数（室温至60℃）为8.92×10^{-6}，耐化学腐蚀95%~98%$H_2SO_4 \geq 98\%$、$20\% H_2SO_4 \geq 94\%$、$20\% NaOH \geq 98\%$，水力磨阻试验过水面光滑。雷诺数在2×10^5~1.5×10^6范围内时，清水沿程阻力系数在0.0165~0.0183之间。

40mm厚玄武岩铸石抗冲击，与金属衬底相比，铸石衬板有优良的抗磨蚀性和较低的摩擦阻力，有利于提高刮板的寿命。

21. 刮板捞渣机铸石耐磨层安装时有哪些注意事项？

答：铸石安装前刮板捞渣机底板安装防脱落骨架（孔条），孔条的上平面与铸石的上平面平齐。在铺设铸石灌浆时，孔条的连接孔处充满铸石浆水起到铆固的作用，加强了铸石间的连接。孔条的另一个显著作用是当少量铸石因某种原因脱落时，孔条起到骨架的作用，刮板、链条运行平面不会低于铸石上平面，不会引起铸石大面积的脱落。

耐磨铸石铺设方向与捞渣机刮板运行的的方向有一定夹角，即可保证铸石铺设的牢固性又可保证刮板磨损的均匀性。

22. 刮板捞渣机上槽体耐磨层有什么特点？

答：刮板捞渣机上回链刮板输送设备上槽体耐磨层有两种结构：槽体两侧边铺设耐磨层结构、鱼骨式结构。

槽体两侧边铺设耐磨层结构特点是在上回链刮板输送设备的上槽体两侧铺设耐磨铸石。上槽体底板采用"防破碎、防脱落衬砌技术"铺设的耐磨铸石，耐磨、抗冲击、耐腐蚀，使用寿命长，但存在刮板链条在运行过程中易拱起的缺点，易引起脱落。且因耐磨铸石采用槽体两边铺设方式，刮板的耐磨层两端与耐磨铸石接触，中间较大部分不接触，造成刮板两端磨损而中间绝大部分不磨损，刮板磨损不均匀，不利于刮板的正常运行。

鱼骨式结构特点是采用耐磨钢板制作，上槽体全部布满倒"V"耐磨钢板，倒"V"耐磨钢板连续间隔布置。可焊性高，连接可靠，刮板、链条磨损均匀，使用寿命长，刮板、链条带回的返渣可通过耐磨钢板间的间隙靠自重落入设备下槽体，返渣率低。

23. 刮板捞渣机尾导轮有什么特点？

答：传统结构的刮板捞渣机尾导轮采用紧定螺钉型式的轴向固定方式，无预紧力、承受轴向负荷能力小，实际使用中经常出现导轮与轴之间松动、"滚键"的现象。

最新结构的链轮轮体采用组合结构，其由本体、耐磨钢轮圈及连接件等组成，钢轮圈与本体之间采用大过盈配合热装结构。使用中与刮板链条接触受力的钢轮圈使用耐磨钢制成，从而使链轮轮体耐磨，具有高的使用寿命。

尾导轮采用特制不锈钢螺母进行轴向固定，不锈钢螺母可以保证有一定的预紧力，圆螺母可承受大的轴向力，保证链轮不轻易发生轴向蹿动，避免导轮与轴之间出现松动、"滚键"的现象。

导轮轴安装不锈钢螺母处经特殊防锈处理，长时间经灰渣水锈蚀后仍能方便拆装。

24. 刮板捞渣机张紧轮分为哪几种结构形式？

答：刮板捞渣机张紧轮一般分为精锻凹槽式张紧轮、铸造链齿型张紧轮、精锻链齿型张紧轮。

25. 刮板捞渣机精锻凹槽式张紧轮有什么特点？

答：精锻凹槽式张紧轮轮体采用分体热装式结构，轮体采用铸钢，与链条、刮板接触的轮缘采用耐磨钢，轮缘经精锻而成，具有加工精度高、耐磨损、使用寿命长的优点，但由于是凹槽式机构，铰叉类刮板在通过不带齿链轮时不平稳有冲击及交变应力，过铰叉类刮板时张紧轮受到的负载最大，刮板过后张紧轮受到的负载又回到正常状态，捞渣机运行中张紧轮受到的负荷在不断变化，刮板、链条、张紧轮磨损快，降低了刮板、链条、张紧轮使用寿命，且刮板过张紧轮时负荷增大，刮板、张紧轮响声大。

26. 刮板捞渣铸造链齿型张紧轮有什么特点？

答：铸造链齿型张紧轮，用铸铁整体铸造成型，为便于链轮地拆装检修，链轮整体切割分为2片或3片，再按原链轮的原位置组装使用。铸造张紧轮存在缩松、气孔、砂眼等缺陷，极易断齿、易磨损，严重影响运行安全。

27. 刮板捞渣机精锻链齿型张紧轮有什么特点？

答：精锻链齿型张紧轮，链齿使用合金钢材料精锻成型后经硬化处理，焊接在张紧链轮轴套。具有承载能力高、齿型精度高、传动平稳、耐磨损、寿命高、固定可靠等优点，消除了铸造链轮固有的缺陷，通过张紧轮时平稳，无冲击及交变应力，可根除铰叉类刮板过链轮响声大的缺陷。

28. 刮板捞渣机头部驱动机构分为几种方式，各有什么特点？

答：刮板捞渣机头部驱动机构有两种方式：

（1）采用液压马达驱动方式，稳定性好，故障率低，造价高。

（2）采用电机减速机驱动方式，系统简单，造价低，电机长时间运行易出故障。

29. 刮板捞渣机快开人孔门有什么作用？

答：为便于应急性抢修，捞渣机上仓侧壁加设快开式人孔门，此人孔只需一捅即开，避免了因螺栓锈蚀造成开门困难和操作烦琐之弊。

30. 刮板捞渣机平行斜板澄清器有什么作用？

答：为降低溢流水中悬浮物含量，保证溢流水携带的悬浮浓度不超过300mg/L，捞渣机在水平段全长设置带平行斜板澄清器的锯齿形溢流堰，并加装插拔式不锈钢平行斜板澄清器，每片斜板独立安装，便于拆卸更换。在回用水水质要求不高的情况下，可直接回用；当要求较高情况下，可将捞渣机溢流水泵入高效浓缩机进行进一步水质提高，为除渣水的循环使用做好准备。

31. 刮板捞渣机尾部弧形壳体、检修门有什么作用？

答：机身尾部弧形封闭壳体可实现刮板带渣的自动清理结构。为便于刮板与链条的日常监视、维护及更换，机尾设推拉式检修门。

32. 刮板捞渣机链条有什么特点？

答：刮板捞渣机输送链条一般采用高耐磨圆环链，链条表面进行硬化处理，硬化层厚度不小于2mm，链条表面硬度应不小于HRC60。

33. 什么是 CCS 循环湿式刮板捞渣机系统？

答：CCS循环湿式刮板捞渣机系统指煤粉锅炉湿式除渣系统冷却水采用开式循环系统，捞渣机溢流水来自渣井密封水、内导轮密封水、链条冲洗水及锅炉吹灰时因灰渣量增大而通过补水阀门加入的大量冷却水，在捞渣机壳体汇集参与灰渣冷却后通过捞渣机溢流水系统自流到灰水渣池，渣浆泵将灰渣水打入浓缩机澄清，灰渣水再进入冷却水设备冷却，经浓缩机澄清和冷却水设备冷却后的灰渣水达到捞渣机冷却水质要求后，经水泵打回渣井和捞渣机参与灰渣冷却。

34. CCS 循环湿式刮板捞渣机系统的优点是什么？

答：CCS循环湿式刮板捞渣机系统可以实现零溢流，无须设高效浓缩机和冷却水处理系统，减少了设备配置，节约了生产成本，大大降低了水耗。

35. CCS 循环湿式刮板捞渣机系统主要包括哪些设备？

答：CCS循环湿式刮板捞渣机系统主要包括：渣井水位监测装置，渣井固定补水系统，渣井自动补水系统，捞渣机水温监测装置，捞渣机水位监测装置，捞渣机固定补水系统，捞渣机自动补水系统，捞渣机冷却水换热器。

36. CCS 循环湿式刮板捞渣机系统的原理是什么？

答：渣井密封槽内的水由于受锅炉辐射热蒸发造成水位下降时，由渣井固定补水系统保证，当出现异常情况，水位低于设计值时，渣井水位监测装置检测到渣井密封槽水位不能满足设计要求，渣井自动补水系统自动打开进行补水；渣井密封槽水位监测装置检测到渣井密封槽水位高于设定值时，渣井自动补水系统自动关闭停止补水。

捞渣机壳体内的密封水水位由捞渣机固定补水系统保证，当捞渣机出现异常情况时，捞渣机水位监测装置检测到捞渣机壳体内的密封水水位低于设定值，捞渣机自动补水系统自动打开进行补水；捞渣机水位监测装置检测到捞渣机壳体内的密封水水位高于设定值，捞渣机自动补水系统自动关闭停止补水。

37. 刮板捞渣机冷却段设置换热器的作用是什么?

答：在刮板捞渣机冷却段设置换热器，换热器采用集成安装，独立换热，每套独立的冷却器进、回支管均设有手动截止阀，每套换热器的进水口均与捞渣机壳体外侧的总冷却供水管道上进水管道法兰连接，每套换热器的回水口均与捞渣机壳体外侧的总冷却供水管道上回水管道法兰连接，当某一套换热器损坏时，关闭截止阀，冷却水就不能进入此套换热器，不影响其他换热器对渣水的冷却。此外，根据灰渣量和灰渣特性计算需要设置换热器的数量，在设计时留有一定的裕量，多配置的换热器上安装自动阀门，当煤质变化或其他异常情况造成捞渣机壳体内的密封水温度高于60℃时，多配置换热器上安装自动阀门自动打开，多配置的换热器参与工作，当捞渣机壳体内的密封水温度低于60℃时，多配置换热器上安装自动阀门自动关闭，多配置的换热器停止工作。

38. 刮板捞渣机系统液压关断门有哪些特点?

答：刮板捞渣机系统液压关断门有以下特点：

（1）关断门内衬耐磨蚀隔热层：关断门内衬耐火、耐磨蚀混凝土，使用寿命长，不易受热变形，裙板间间隙小，密封好。

（2）关断门油缸加机械回止锁：关断门关闭后，可避免因液压系统泄油等液压故障而使关断门打开，确保关断门关断检修时安全可靠。

（3）侧门互扣设计：液压关断门采用内外侧门互扣结构，此结构设计使门与门之间无缝隙，保证关断门关闭严密，有效减少锅炉漏风率，保证锅炉燃烧的稳定性，提高锅炉燃烧效率。

（4）先进的电液控制系统：关断门采用先进的电液就地控制系统，操作灵活简便，运行可靠。液压系统不漏油，工作压力高，动作迅速。

39. 刮板捞渣机系统脱水渣仓有哪些特点?

答：刮板捞渣机系统脱水渣仓有以下特点：

（1）脱水渣仓周边滤水装置析水元件采用"外置式贴壁"槽形结构形式。

（2）脱水渣仓选用"四螺杆悬吊四轮式排渣门"。

（3）排渣闸门采用手、电动控制。

（4）排渣门下部设有导流槽。

40. 刮板捞渣机系统脱水渣仓"外置式贴壁"析水元件有什么优点？

答：脱水渣仓周边滤水装置析水元件采用"外置式贴壁"槽形结构形式，不仅保证了滤水板与仓体内表面平齐，减少了挂渣，而且可以从仓体外面直接将析水元件抽出进行检修，提高了可维护性。

41. 刮板捞渣机系统脱水渣仓"四螺杆悬吊四轮式排渣门"有什么优点？

答：脱水渣仓选用"四螺杆悬吊四轮式排渣门"，调节闸门与排渣口间隙方便，克服了传统脱水仓曲柄托轮式排灰渣门门缝间隙调节困难的弊端。同时，"四螺杆悬吊四轮式排渣门"具有滤水功能，仓底最下端的渣水亦能析出，避免造成渣浆四溅的现象发生。

42. 排渣门下部设有导流槽的作用是什么？

答：排渣门下部设有导流槽，即使在排渣门出现故障或密封圈充气失灵的情况下，溢流水会沿导流槽通过管道排走，不致造成渣水四溢污染环境。

第四节　循环流化床滚筒冷渣机系统

1. 循环流化床滚筒冷渣机系统的作用是什么？

答：滚筒冷渣机是用于循环流化床及沸腾床锅炉热渣冷却的专用设备。主要作用有：
（1）稳定炉压。
（2）热量通过水、风回收利用。
（3）干法冷却炉渣。
（4）输送炉渣。

2. 循环流化床滚筒冷渣机系统的优点是什么？

答：循环流化床滚筒冷渣机具有换热效率高、安全性能好、单机出渣量大的优点，可以适用于任何等级的CFB锅炉，特别是适用于燃用低热值、排渣量较大的矸石电厂。

3. 循环流化床滚筒冷渣机系统的组成是什么?

答：循环流化床滚筒冷渣机由进渣装置、筒体组件、驱动系统、传动系统、底座、出口装置、旋转水接头、金属软管以及检测仪表等组成。

4. 循环流化床滚筒冷渣机系统的工作原理是什么?

答：循环流化床滚筒冷渣机由减速机、电机驱动，通过链条带动传动系统旋转，从而使筒体组件进行旋转。冷渣机的转速由变频器调速，可通过调节电机转速控制排渣量的多少，如果将锅炉床压讯号接入电机调速变频器，可实现冷渣机出力自动跟踪锅炉排渣量。

炉膛排出的灰渣通过进渣装置分别进入到筒体内，在径向扬渣叶片的携带作用下运转至筒体顶部然后落下，同时在螺旋导流叶片作用下被缓慢推向出渣口；冷却水通过旋转水接头进入筒体组件的水冷却系统与筒体内部的灰渣做逆向流动进行热交换，将灰渣热量带走，从而使热态炉渣冷却。

第六章　除渣系统的运行维护

第一节　风冷式干式除渣系统的运行维护

1. 液压关断门的液压系统如何维护和保养？

答：（1）冬季室内油温未达到10℃时，不准开始顺序动作，夏季油温高于60℃时，降低液压油的温度。

（2）停机4h以上的设备，应先使泵空载运转5min，再启动执行机构。

（3）不准任意调整电控系统的互锁装置、损坏或任意移动各限位挡块的位置。

（4）液压系统的油在使用初期3个月后每隔一年或油污染度超标时应该更换或过滤，确保液压系统的正常运行。

（5）定期对液压系统的元件、辅件进行检查。

2. 液压关断门开启有哪些注意事项？

答：液压关断门关断一定时间后，再开启关断门放渣时，按照一定顺序依次开启，且由小到大逐步开启。顺序是先开启靠近头部的关断门，再开启尾部的关断门，最后开启靠近锅炉中心线的关断门。

3. 液压系统运行过程中有哪些注意事项？

答：（1）定期更换吸油及回油滤芯。

（2）定期检查液压油的清洁度。

（3）定期检查液压油液位。

4. 干式排渣机运行有哪些注意事项？

答：（1）整机空载试运或正常运行期间钢带及清扫链严禁反转运行。

（2）干式排渣机在投运的初期，为保证钢带不被压死，建议缩短锅炉吹灰时间，每班吹灰时间间隔在1～2h为宜。

5. 输送钢带上托辊如何安装？

答：输送钢带上托辊安装步骤如下：

（1）将要安装的上托辊的任一个轴承座的压盖拆下。

（2）取出压盖一端轴上的挡圈。

（3）将取出挡圈一端的轴承座从轴上拔下。

（4）将拔下轴承座一端的密封盖连同密封圈从轴上取下。

（5）将取下轴承座和密封盖一端的轴从排渣机壳体的上托辊轴孔穿进排渣机内从另一侧壳体的轴孔穿出。

（6）装上密封圈和密封盖。

（7）将拆除的轴承座连同其内的轴承一起装在轴上。

（8）在轴承座轴承腔内加足黄油。

（9）安上取下的挡圈。

（10）安上轴承座压盖并拧紧螺钉。

（11）调整轴承座的位置，使轴垂直于排渣机中心线。

（12）用螺栓将轴承座与壳体完全固定。

（13）将密封盖和垫圈固定在壳体上。

6. 输送钢带上托辊如何拆卸？

答：输送钢带上托辊拆卸步骤如下：

（1）松开并从螺栓孔内取出轴承座与壳体连接的全部螺栓。

（2）将密封盖与壳体连接的全部螺钉拆除。

（3）将要拆除的上托辊的任一个轴承座的压盖拆下。

（4）取出压盖一端轴上的挡圈。

（5）将取出挡圈一端的轴承座从轴上拔下。

（6）将拔下轴承座一端的密封盖连同垫圈从轴上取下。

（7）将轴连同另一端的轴承座从干式排渣机壳体内抽出。

7. 输送钢带下托辊如何安装？

答：输送钢带下托辊安装步骤如下：

（1）将要安装的下托辊从排渣机壳体下托辊轴孔穿入排渣机壳体内。

（2）调整下托辊位置，使下托辊支撑上输送钢带。

（3）调整下托辊轴承座位置，使下托辊轴垂直于排渣机中心线。

（4）用螺栓将轴承座与壳体完全固定。

（5）将密封盖和垫圈固定在壳体上。

8. 输送钢带下托辊如何拆卸?

答：输送钢带下托辊拆卸步骤如下：
（1）拆下密封盖与壳体连接的全部螺钉。
（2）拆下要拆卸的下托辊轴承座与壳体连接的全部螺栓。
（3）将拆卸的下托辊从壳体的轴孔中抽出。

9. 如何调节输送钢带液压张紧系统?

答：启动驱动设备，调节输送钢带张紧油缸压力调节器，使张紧压力不断增大，当输送钢带与头尾滚筒间不打滑时，停止压力调节，让输送钢带连续转动2h，观察输送钢带的运动有无异常，如有异常及时调整，在这段时间内，将输送钢带中心调整在输送钢带托辊的中心线上。

10. 干式排渣机空载试运时的注意事项是什么?

答：干式排渣机空载运行时注意事项如下：
（1）检查输送钢带上是否有异物。
（2）检查输送钢带不锈钢板连接螺栓是否拧到位，是否焊死。
（3）检查液压张紧装置的管路是否连接好，是否漏油。
（4）检查尾部张紧装置是否卡涩，滑槽内是否有杂物。
（5）空载试运时输送钢带跑偏的调整。

11. 输送钢带跑偏时如何调整?

答：输送钢带跑偏时调整步骤如下：
（1）调整导向滚筒。
1）松开张紧导向滚筒左、右侧轴承座的固定螺栓。
2）按照输送钢带的运行方向，松开左、右侧轴承座调整螺栓（松开约2mm），然后，拧紧左、右侧轴承座调整螺栓。
3）运行输送钢带，让其转动几圈，检查输送钢带是否回到正常运行位置，否则重复以上操作，将输送钢带调整到正常的运行位置（导向滚筒的中间位置）。
4）待输送钢带运行正常后，拧紧轴承座固定螺栓和调整螺栓。
（2）调整尾部调整丝杠。
1）根据输送钢带偏移的情况，分别拧紧左侧或右侧丝杠

（1~2圈）。

2）运行输送钢带，让其转动几圈，检查输送钢带是否回到正常运行位置，否则重复以上操作，将输送钢带调整到正常的运行位置（导向滚筒的中间位置）。

3）待输送钢带运行正常后，拧紧两侧丝杠螺母。

12. 输送钢带安装所需的工、器具有哪些？

答：输送钢带安装所需的工、器具为：联合扳手；六角扳手；力矩扳手；拉板（随机配带）；两块长1m、宽100mm、厚4mm的钢板；卷扬机或手动葫芦等。

13. 干式排渣机本体安装、调试验收标准是什么？

答：干式排渣机本体安装、调试验收标准是：

（1）头部支架中心线与干式排渣机纵向中心线重合度偏差不大于4mm。

（2）干式排渣机两相邻支腿在垂直基础面上的高差不超过其间距的1/1000，在排渣机全长上不大于5mm。

（3）每安装单元中心线的重合度偏差不大于2mm，整机中心线的重合度偏差不大于5mm。

（4）输送钢带的安装与驱动滚筒、导向滚筒中心的重合度偏差不大于5mm。

（5）整机安装调整后，拧紧所有连接螺栓，焊接位置按要求焊牢。

14. 干式排渣机驱动滚筒、导向滚筒安装、调试验收标准是什么？

答：干式排渣机驱动滚筒、导向滚筒安装、调试验收标准：

（1）滚筒安装水平偏差不大于1mm；中心偏差不大于1.5mm。

（2）驱动滚筒、导向滚筒（轴线）平行度不大于2mm。

（3）驱动滚筒、导向滚筒垂直轴线的同心度不大于3mm。

（4）滚筒轴线与干式排渣机本体的垂直度不大于1mm。

15. 干式排渣机上托辊、下托辊安装、调试验收标准是什么？

答：干式排渣机上托辊、下托辊安装、调试验收标准：

（1）上托辊安装水平偏差不大于1mm；中心偏差不大于1.5mm。

（2）上托辊与干式排渣机本体的垂直度不大于1mm。

（3）下托辊安装水平偏差不大于2mm。

（4）下托辊与干式排渣机本体的垂直度不大于1mm。

16. 干式排渣机输送系统如何进行润滑维护？

答：在干式排渣机开始工作前按照说明书向所有电机减速机的减速箱内注满润滑油，以减少摩擦和发热。驱动滚筒和导向滚筒的轴承在安装前已经填满润滑油脂。按提供的注油表6-1，检查每一项按规定的时间注入规定量的润滑油或润滑油脂。

表6-1　注油表

润滑点			润滑油类型	每点数量	总量	注油周期	备注
序号	名称	点号					
1	输送钢带上托辊轴承	n	耐热黄油	80g	$n \times 80g$	每月	
2	输送钢带下托辊轴承	n	耐热黄油	80g	$n \times 80g$	每月	
3	输送钢带压带轮轴承	n	耐热黄油	80g	$n \times 80g$	每月	
4	输送钢带头部滚筒轴承	2	耐热黄油	6kg	12kg	每月	
5	输送钢带尾部滚筒轴承	2	耐热黄油	5kg	10kg	每月	
6	输送钢带减速机	1	齿轮润滑油	根据减速机型号加入润滑油	根据减速机型号加入润滑油	每年	在第50/100个正常运行小时后，将减速箱清理干净后从新注入新的润滑油，这之后，每2500h进行一次

注　每周检查一次轴承润滑油的量，每月检查一次减速箱润滑油油位。如果需要向轴承座内注满黄油，向减速箱内注满润滑油。

17. 在干式排渣机首次启动或大修后启动之前必须进行检查的事项是什么?

答:(1)检查减速箱的润滑油是否在正常油位以上,按照输送钢带的运动方向检查减速箱的旋转方向是否正确。

(2)检查所有的轴承是否注满润滑油脂。

(3)检查所有安装材料、工具(扳手、工具及其他)是否收拾干净。

(4)检查输送钢带是否位于排渣机中心。

(5)检查张紧装置及其支架的导轨和滑道内是否有杂物,张紧装置支架是否能自由滑动。

(6)启动之前,输送钢带必须进行48h空载运行,且无异常现象。

18. 输送钢带防跑偏轮如何检修和维护?

答:目测(检查)输送钢带防跑偏轮磨损情况。在正常运行条件下,输送钢带在干式排渣机壳体的中心运行,不与位于壳体两侧的防跑偏轮接触。输送钢带在长时间偏向一侧不规则运行时这些防跑偏轮才工作,即防跑偏轮起导向任务时才工作。如果输送钢带的防跑偏轮与壳体不垂直,调整输送钢带的防跑偏轮使其与壳体垂直。磨损的情况可"通过视觉"进行估算,或通过仪器测量。根据磨损情况和防跑偏轮与壳体的垂直度情况,更换防跑偏轮。

在更换防跑偏轮之前,输送钢带必须先调整到正常运行状况。如果电厂安全规定允许,在输送钢带运行时也可更换防跑偏轮,但必须采取必要和充分的安全措施。

19. 输送钢带下托辊如何检修和维护?

答:目测(检查)输送钢带下托辊磨损情况。支撑输送钢带的下托辊,由于过渡磨损,其原圆柱形形状(直径ϕ150)被磨成如图6-1的锥状形状,这种情况下托辊必须更换。磨损的情况可"通过视觉"进行或通过仪器测量。下托辊更换后,必须检查输送钢带是否运行在正常的位置。如果电厂安全规定允许,在输送钢带运行时也可更换下托辊,但必须采取必要和充分的安全措施。

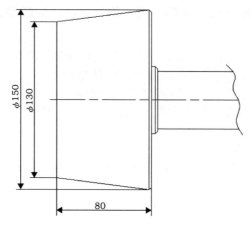

图6-1　磨后呈锥状形状

20．如何调整输送钢带的长度？

答：调整输送钢带长度的步骤如下：

（1）拆除干式排渣机尾盖。

（2）在不损坏不锈钢板的情况下，磨开需缩短的输送钢带长度上的不锈钢板与不锈钢板固定螺钉间的焊缝。

（3）卸掉固定螺钉。

（4）拆除不锈钢板。

（5）磨开要拆除的不锈钢网的网环两端与不锈钢网连接杆间的焊缝（要拆除的不锈钢网的网环数应是双数）。

（6）将尾部滚筒推到最起始的地方。

（7）从要拆除的不锈钢网两端的网环中抽出连接杆。

（8）移走拆除的不锈钢网。

（9）按照以上方法，在离拆开的输送钢带两端各500mm的位置各拆除一片不锈钢板。

（10）将两块拉板分别装在拆除的不锈钢板的不锈钢网中。

（11）将输送钢带连接成环形结构。

（12）安装不锈钢板。

21．输送钢带的张紧装置有哪些维修检查事项？

答：输送钢带的张紧装置维修检查事项如下：

（1）输送钢带张紧装置的压力必须定期检查。

（2）检查油缸密封和管道接头处有无泄漏。

（3）在干式排渣机停止过程中，检查张紧装置支架在导轨和导槽中是否能自由滑动，支架滑轮是否运转自如。

22. 导向滚筒旋转检测装置有哪些维修检查事项？

答：在导向滚筒的轴上安装有滚筒旋转检测装置，对其必须定期进行机械和电气检查。假如导向滚筒旋转检测装置不是由于电气或机械原因造成的异常现象，应检查输送钢带张紧装置是否正确运行。

23. 输送钢带托辊有哪些维修检查事项？

答：必须每月通过注油器给每个输送钢带托辊的轴承座内注入润滑油脂。定期（一周）检查所有托辊的旋转情况。托辊的转动可以从外部观察到。如果有托辊不转动，首先应用扳手检查是否被卡住或松动。如果轴承部分被卡住，则必须更换轴承。

24. 输送钢带系统如何进行常规维护？

答：（1）第一次运行大约300h后给输送钢带的驱动滚筒的电机减速机的减速箱换润滑油（先清洗后换油），在以后的运行过程中每4000h换润滑油一次。换润滑油时，先将原润滑油清理干净再换油，避免润滑油混合。

（2）驱动滚筒和导向滚筒的轴承定期（一月）润滑。

（3）输送钢带托辊的轴承定期（一月）润滑。

（4）如果在运行过程中有一些托辊被卡住，必需对其维修，必要时将其更换。

25. 清扫链系统的构成和特点是什么？

答：清扫链系统由驱动装置、高强度矿用圆环链和刮板组成。清扫链运行在清扫链托辊上，清扫链托辊由轴承座支撑在干式排渣机壳体外，托辊轴与壳体间用耐高温密封圈密封。为了达到良好的密封，清扫链设在干式排渣机底部壳体内，为方便检修链条托辊的轴承和轴承座设在壳体外。

26. 清扫链系统的作用是什么？

答：清扫链安装在干式排渣机底部，清扫从输送钢带上掉下的细渣，避免从输送钢带上掉下的细渣堆积在底部对输送钢带造成磨损。

27. 清扫链系统如何润滑维护？

答：启动前必须在减速箱内注满润滑油。头部和尾部链轮轴承必须注满润滑油脂。

检查润滑油的数量，按提供的注油表6-2，必要时补充。检查注油表中每一项目，润滑油的数量要保证多次润滑和再润滑。

表6-2　注油表

润滑点			润滑类型	数量单位	总数量	润滑频度	备注
项目	描述	点数					
1	清扫链托辊轴承	n	耐热黄油	80g	$n \times 80g$	每月	
2	清扫链压辊	n	耐热黄油	80g	$n \times 80g$	每月	
3	清扫链驱动链轮轴承	2	耐热黄油	0.6kg	1.2kg	每月	
4	清扫链尾部导向链轮轴承	2	耐热黄油	0.270kg	0.54kg	每月	
5	清扫链减速箱	1	齿轮油	根据减速机型号加入润滑油	根据减速机型号加入润滑油	每半年一次	在最初操作的300h后清洁齿轮盒和补充新油

注　每周检查每个支撑物中的润滑油的数量，每月检查减速箱的油位高度。必要时补充每个支撑轴承座中的润滑油、减速箱内的润滑油。

28. 清扫链系统首次或大修后启动前有哪些检查事项？

答：清扫链系统首次或大修后启动前检查以下事项：

（1）检查可能在装配过程中遗失的安装工具，如：木块、焊条、螺栓等，要在启动前清除。

（2）检查清扫链的运行方向是否正确。

（3）检查转动阻力是否适合清扫链的运行。

（4）检查清扫链驱动电机减速机的减速箱是否有足够的润滑油。

（5）检查所有清扫系统轴承是否进行了足够润滑。

（6）清扫链空载运行48h，检查电机的消耗功率是否正常和清扫链有无不规则性或者摩擦产生的金属噪声。

29. 清扫链系统启动后有哪些检查事项?

答:清扫链系统启动后检查以下事项:

(1)带负荷运行时,建议检查噪声情况和电机消耗功率情况。

(2)检验清扫系统尾部张紧装置滑槽内有无卡涩物质。

(3)检验清扫系统张紧装置是否正常。

30. 清扫链系统运行中如何检修维护?

答:(1)当清扫链未完全张紧时,通过加大张紧力,防止清扫链的不规则运行。

(2)当滑板达到极限位置时,停止清扫链并将其缩短。

(3)定期检验张紧滑块的滑槽内有无卡涩物质。

(4)尾部链轮轴上装有断链检测开关,要进行定期机械和电气检查,保证链的反常转动现象在控制室内能被监测到。

(5)定期检查清扫链托辊轴承的密封性能,保证每月给轴承加一次润滑油脂。在运行过程中,一些托辊轮可能会被卡住,在下一次维修停机时更换其轴承。

(6)定期从外部检查托辊轴的旋转情况。

(7)驱动链轮和尾部链轮的轴承需定期进行检查。

31. 渣仓电动给料机用途是什么?

答:渣仓电动给料机用于渣仓下作锁气及均匀定量给料之用。

32. 渣仓电动给料机的工作原理是什么?

答:渣仓电动给料机的工作过程是:由带有若干叶片的转子在机壳内旋转,干渣从上部渣仓下落到叶片之间,然后随叶片转至下端,将干渣排出。

33. 渣仓电动给料机的特点是什么?

答:(1)结构简单,保养维护方便,密封性好,给料均匀锁气可靠。

(2)使用介质温度可达200℃,特殊设计可达400℃。

(3)体积小,结构紧凑。

(4)耐磨,使用寿命长。

34. 渣仓电动给料机如何维护和使用？

答：（1）电动给料机两轴承处油杯应每班加黄油一次。

（2）摆线针轮减速机应按照说明书要求进行定期加油。

（3）应定期用油漆刷子将润滑油加在链条和链环之间（润滑剂可用20号机油）。

（4）在进行给料机内部零件的检查拆装工作前，应使设备与机械传动部分和电气部分脱开。

（5）在检修给料机内部零件时，应拧掉端盖上连接螺栓，利用两端盖上的装拆螺孔进行装卸，以免损坏机件。

（6）每次拆开转子检修，重新装配时应注意转子及叶轮与两端面盖之间的间隙，用两端盖上的装拆螺孔内拧入螺钉，调整至最佳位置（保证轴向间隙0.25～0.5mm），然后在两端盖法兰间加入密封调整垫片，拧紧连接螺栓。

35. 渣仓电动给料机的安全注意事项是什么？

答：（1）设备运行前应检查机内是否有铁块、钢筋、石块等，以免损坏设备。

（2）设备运行中如有杂物卡住给料机叶轮，不得打开手孔用手清理杂物，避免出现人身事故和灰及其他粉状物的飞扬。遇到炉渣卡涩情况可进行反转处理。

（3）清理杂物前必须关闭电动给料机上部的阀门，停机并做好安全措施，方可打开手孔逐格清理叶轮中的杂物。

36. 渣仓电动给料机如何润滑维护？

答：电动给料机的润滑按表6-3。

表6-3　润滑表

序号	项目	检查周期	换（注）油周期
1	电动给料机减速机	每月	3000h
2	电动给料机承轴	每周	1000h
3	电动给料机链条	每月	

注　减速机齿轮箱在首次运行一周后，要全部更换润滑油，在清洗干净后重新加注。

37. 渣仓双轴湿式搅拌机的作用是什么?

答：双轴湿式搅拌机是通过两根带有螺旋叶片的轴相对转动，加水对干渣进行喷湿搅拌输送，使干渣达到可控湿度。

38. 渣仓双轴湿式搅拌机的组成部分是什么?

答：双轴湿式搅拌机主要由以下部分组成：
（1）主电机及摆线针轮减速机（传动机械）。
（2）链条传动。
（3）对啮合传动齿轮。
（4）前后止推轴承组件。
（5）主、被动螺旋搅拌轴。
（6）槽体。
（7）加湿器。
（8）进出料口。
（9）底座架。

39. 渣仓双轴湿式搅拌机的工作原理是什么?

答：灰渣由给料机定量通过进料口均匀进入槽体后，动力传动机械带动装有多组叶片的螺旋形主轴转动，通过对啮合传动齿轮带动被动螺旋轴与主轴作等速相对转动，从而使灰渣被搅并推进至槽体加湿段，在灰渣被推进至加湿段后，加湿器自动对灰渣进行喷湿，进而至槽体后搅拌段进行充分搅和，当灰渣达到可控湿度后由出料口卸出，进入下一道工序或装车外运。

40. 渣仓双轴湿式搅拌启动前有哪些检查事项?

答：（1）运行前应检查设备内是否有遗留杂物，如果有杂物必须清理干净，方可启机。
（2）用手盘主电机风叶，检查主被动轴运转是否轻松正常。
（3）检查摆线针轮减速机、润滑系统油位是否正常。

41. 渣仓双轴湿式搅拌机开、停机时应遵循什么顺序?

答：双轴湿式搅拌机设备开、停机时应遵循以下顺序：
启动顺序：启动主电机—启动振动给料机加料—开启加湿器供水阀门。

停机顺序：关闭振动给料机—关闭加湿器供水阀门—待槽体内物料全部排尽—关闭主电机。

42. 渣仓双轴湿式搅拌机有哪些易损件？

答：叶片、喷嘴、齿轮、主动链轮、被动链轮、链条。

43. 渣仓双轴湿式搅拌机调试前有哪些检查事项？

答：（1）设备调试前应将齿轮油箱清理干净，关闭油箱下面排放阀，加润滑机油，油位加至距油箱顶面50mm为止，然后将油箱盖盖上。

（2）检查减速机是否加润滑油（或脂）。

（3）检查双轴加湿搅拌机头部和尾部轴承座的油杯是否加润滑油。

（4）检查链条、链轮是否加润滑油。

（5）设备调试运行前，搅拌机喷水系统的供水管路，应进行吹扫或冲洗后再接入搅拌机本体的供水母管上。

44. 渣仓双轴湿式搅拌机如何进行检修和保养？

答：（1）设备应经常保养，除摆线针轮减速机定期检查加油外，传动齿轮、轴承、链条、链轮等各润滑点也应及时加油。

（2）定期检查齿轮油箱内的润滑油视油质情况。

（3）定期检查水管、喷嘴是否畅通。如果喷嘴堵塞，应将喷嘴拧下进行清理。清理时，注意不要将喷嘴里面的旋流片遗失，安装喷嘴时务必拧紧。

（4）清理机体内喷水管路的杂质时，请逐个管路（喷嘴组）进行清理，清理哪组管路将哪组管路的喷嘴拧下，打开水阀进行冲洗，清理完毕将喷嘴拧上。再进行下一组管路的清洗。

（5）定期压紧、加装或更换轴密封填料，防止漏灰渣。

（6）定期检查搅拌叶片，首次运行一周后应检查紧固一次，以后每个季度检查紧固一次。

45. 渣仓双轴湿式搅拌机开、停机时有哪些注意事项？

答：双轴湿式搅拌机开、停机时有以下注意事项：

（1）双轴湿式搅拌机不允许带负荷启动，每次停机前必须将机内的灰渣排净后再停机。

（2）事故停机后，必须人工将机内的灰渣清理干净，方可再启机。

（3）加湿搅拌机停止运行后，上部气动阀因磨损不严密时，会将灰渣落入搅拌机内。机内积灰渣不允许搅拌机启动，因此应检修或更换气动阀并人工将搅拌机内的灰渣清理干净，然后再启机。

（4）长期停机时必须将机体内部用水清洗干净，清洗时手动启机不开放灰渣门，用加湿搅拌机喷嘴清洗或另接橡胶水管进行冲洗。

46. 渣仓双轴湿式搅拌机怎么进行冷态调试？

答：冷态调试是指在无灰渣状态下进行的试验，主要是卸灰渣系统各设备的联动试验，包括放灰渣气动阀、振动给料机、加湿搅拌机、供水气动阀、压力调节阀、控制装置等。

此项试验需揭开机盖，观察轴的转动方向是否正确，喷嘴的喷雾状况，机头部靠近进灰渣口喷嘴的水雾能否将挡板以下完全封闭住，调试时可适当转动喷嘴母管的角度，使干灰渣必须完全封闭在水雾之内。观察喷嘴是否有堵塞情况，如堵塞必须清理。

47. 渣仓双轴湿式搅拌机怎么进行热态调试？

答：热态试验是指正式卸灰渣试验，在冷态试验的基础上，根据振动给料机（或流量调节阀）的实际给灰渣量和排灰渣口灰渣的含水情况，调节水量。调节卸灰渣系统各设备及阀门的运行间隔时间。

排出的灰渣为松散状，潮湿而无干灰飞扬（热气除外），灰渣不为糊状，渣不能出现滴水现象，此时含水在20%~25%之间。

调节水量主要是调节喷嘴供水管上的截止阀的开度，但机头第一排喷嘴应开到最大，以防止干灰渣从机体上部飞出。截止阀的开度不能太小，喷嘴喷出的水必须是雾状。

如果水量太大，可关闭一个管路，也必须保证其余喷嘴喷出的水为雾状。还可以调节供水总管的进水压力来调节控制水量。但应保证喷嘴喷出的水必须是雾状。

48. 渣仓双轴湿式搅拌机怎么拆卸齿轮、链轮？

答：齿轮、链轮卸下时可用抓钩，另外齿轮配带的顶丝板有螺纹，根据用全螺纹标准螺栓即可顶出。为减少轴的长度，顶丝较短，顶轮时顶到一定程度，可将螺栓退回，在齿轮处加垫铁，再继续顶，即可将齿轮和链轮顶出。用抓钩时，应加垫铁，不要顶轴端的压盖螺纹。

49. 渣仓双轴湿式搅拌机更换叶片时如何操作?

答：更换叶片时，叶片根部应与轴靠紧，螺孔处加弹簧垫并拧紧，而且必须手动盘车，叶片不刮碰机体时才能投入运行。手动盘车时应做好安全措施。

50. 渣仓双轴湿式搅拌机有哪些安全注意事项?

答：（1）未停机时不能检修任何部件。

（2）停机时进入机体内检修，也必须做好止动措施（如将传动链条解开）。

（3）检修完毕，必须将防护罩装好。

51. 渣仓双轴湿式搅拌机如何润滑维护?

答：双轴湿式搅拌机主要润滑点如表6-4所示。

表6-4 润滑表

序号	项目	油品	检查周期	换注油周期	备注
1	搅拌机传动链条	20号机油	每月		用油刷
2	加湿搅拌机减速机	VG150或相当牌号	每月	3000h	
3	加湿搅拌机齿轮箱	VG150或相当牌号	每月	3000h	
4	加湿搅拌机轴承	符合锂基润滑脂	每周	1000h	

注 减速机齿轮箱在首次运行一周后，要全部更换润滑油，在清洗干净后重新加注。

52. 仓壁振打器的用途是什么?

答：仓壁振打器用于防止和消除灰渣在仓壁粘壁和渣仓底部"堵塞""成拱"现象，使灰渣能顺利地排除渣仓外。

53. 仓壁振打器的工作原理是什么?

答：仓壁振打器装在渣仓壁外面。振动时，渣仓局部产生弹性振动，并进一步将振动透到灰渣中一定深度，活化部分灰渣流动，达到破拱，防止塞堵。

54. 渣仓布袋除尘器的用途是什么？

答：渣仓布袋除尘器主要是用过滤的方法将含尘气体中的颗粒阻留在纤维织物上，从而使气体得到净化。布袋除尘器适宜于捕集非黏结性、非纤维粉尘。

55. 渣仓布袋除尘器的优点是什么？

答：布袋除尘器优点是除尘效率可稳定在99%以上，能除去$1\,\mu m$左右的颗粒，与高效的电除尘器相比，布袋除尘器结构简单，技术要求不高，投资费用低，操作简单可靠。因此，作为高效类型的除尘器来说，是一种简单可靠价廉的除尘器，尤其是近年来，耐高温的织物相继投入应用，布袋除尘器也能长期工作在较高的温度下。脉冲布袋除尘器在清灰时基本不影响其工作性能。

56. 渣仓布袋除尘器的缺点是什么？

答：布袋除尘器主要缺点是对气体中湿度比较敏感，对亲水性粉尘和气体湿度过大时易堵塞纤维缝隙，因此使用时受到限制。

57. 渣仓布袋除尘器的特点是什么？

答：渣仓布袋除尘器有以下特点：
（1）脉冲袋式除尘器的过滤风速较高，除尘效果也比较稳定。
（2）由于采用压缩空气反吹来清灰，所以滤袋无机械运动，滤袋使用寿命长。
（3）采用新型的材质，工作温度高，布袋强度高，使用寿命长。
（4）该产品布置于渣仓顶部，工作时，从除尘器布袋上清理下来的粉尘直接落入渣仓，因此具有结构简单，工作可靠，日常维护工作量小等特点。

58. 渣仓布袋除尘器的组成部分是什么？

答：布袋除尘器一般由三个部分：
（1）上箱体，包括盖板、排气口等。
（2）下箱体，包括机架、滤袋组件等。
（3）清灰系统，包括电磁脉冲阀、脉冲信号控制器等。

59. 渣仓布袋除尘器的基本构造及工作原理是什么?

答:脉冲除尘器的基本构造如图6-2所示。

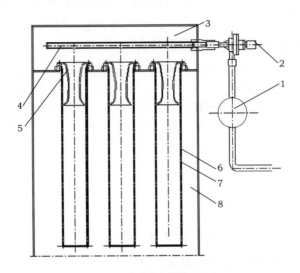

图6-2 脉冲除尘器基本构造

1—喷气箱;2—脉冲电磁阀;3—除尘器上箱体;4—喷吹管;5—文氏管;6—布袋骨架;7—布袋;8—除尘器下箱体

图中只画出了一组布袋中的3只布袋,实际上是由6只布袋组成一组,一台除尘器可以由多组布袋组成。

布袋除尘器工作原理为:含尘气体从除尘器下箱体(序号8)进入,由外部进入滤袋(序号7),由于袋外压力高于袋内的压力,所以布袋都向内凹进。净化的气体经袋上部的喇叭形文氏管(序号5)排入上箱体,经排气口排入大气,粉尘则被阻留在布袋外边,其中一部分粉尘由于重力作用自然掉落。

60. 渣仓脉冲布袋除尘器是如何清灰的?

答:脉冲袋式除尘器是利用高压空气(0.5~0.8MPa)从袋内向外喷吹的方式进行清灰,可以通过调节脉冲周期和脉冲宽度来改变喷吹操作的持续时间和间隔时间,使滤袋保持良好的过滤状态。

喷吹清灰时,压缩空气从外部进入气包,经脉冲电磁阀进入喷吹管，通过喷吹管上的孔向布袋吹入压缩空气。在这个过程中，每次喷吹的时间很短，在此期间，0.6~0.8MPa高压空气以高速从喷吹管的孔中向喇叭管（文氏管）中喷射，同时从其周围引入5~7倍的二次空气，滤袋受这股气流的冲击和振动及二次气流的膨胀作用，使原先凹进的布袋向外鼓起，从而使粘在布袋上的颗粒抖落下来。

每次喷吹的时间为0.1~0.2s，周期为30~60s，这样迅速、准确、频繁的动作是由脉冲控制仪来进行控制的。工作时，脉冲控制仪发出电脉冲，控制脉冲电磁阀进行工作。使压缩空气进入喷吹管，对布袋进行清灰操作。

61. 渣仓布袋除尘器如何选型？

答：在选型时，不仅要注意处理风量，还应注意入口粉尘浓度，因为除尘器的性能与过滤风速和气体的含尘浓度有直接的关系。一般来讲，透过滤袋的气流速度（即过滤风速）与气体含尘浓度成反比，因此，在确定过滤面积时，还须满足滤袋的聚尘能力（即两次清灰期间滤袋单位面积上最大允许积尘数量）。一般聚尘能力不大于400g/m^2，可按下式计算：

聚尘能力=入口气体含尘浓度×过滤风速×两次清灰间隔时间

计算结果如超过聚尘能力，应降低过滤风速，增加过滤面积，以确保除尘器在正常的工况下运行。

62. 渣仓布袋除尘器如何使用及维护保养？

答：（1）压缩气源压力保证在0.4~0.6MPa以上。

（2）检查分气管、脉冲阀接合处是否渗气，如有即应排除，打开顶门盖，检查滤袋压紧是否密封。

（3）灰库内灰量达到库容的80%以上时，应严禁进灰。

（4）每班检查滤袋是否保持完好，如有发现破损情况，应立即更换。

（5）滤袋使用6个月以上时或阻力变得很大（即使进行反复清灰操作也不能降低其阻力）时必须卸下，用清水洗净袋上积灰，彻底晾干，查无破损后重新装上。

（6）除尘器使用后，每天检查运行情况，发现故障及时排除，并注意做好除尘器周围的清洁工作。

63. 渣仓布袋除尘器如何调节?

答:(1)接通电磁阀电源。

(2)调节所需脉冲宽度和电磁脉冲阀的喷吹周期。

(3)调节所需脉冲间隔:2只相邻电磁脉冲阀起动的间隔时间。

(4)调节所需脉冲周期:完成一个循环过程所需要的时间。

(5)脉冲宽度调节:库内存灰量<50%,喷吹时间可调短; 库存量>50%,喷吹时间应调长,范围在0.02~0.2s。

(6)脉冲间隔调节:库内存灰量<50%,间隔时间可调长; 库存量>50%,间隔时间应调短,范围在2~60s。

(7)脉冲周期调节:库内存灰量<50%,周期时间可调长; 库存量>50%,周期时间应调短。

64. 渣仓卸料系统的干灰卸料系统如何操作?

答:当散装车上储料罐的进料口在散装头下方时,按下电器控制柜上的总电源开关,总电源接通,接着按风机启动按钮,然后按散装头下降按钮,当散装车上的料罐装满后,散装头上的料位器发出信号,下料装置停止工作,散装头自动上升到起始位置后自动停止,风机停止转动,整机停,一次装车过程结束。

65. 仓壁振打器怎么操作?

答:当渣仓内的渣淤积不能顺利卸料时,手动交替点动操作按钮,使仓壁振打器间断、交错工作。禁止长时间开启仓壁振打器。

66. 渣仓卸料系统的干灰卸料系统运行有哪些注意事项?

答:(1)装料操作时,务必把散装头下料管对准罐口,否则会发生溢料事故。如果装料时,突然发生极大的扬尘,说明排料不畅通,应马上停止下料,千万不要立即提升散装头。

(2)如果散装头已下降,发生钢绳松弛,卷扬机必须停止,以防止钢绳过于松乱发生事故。因此,在操作时要注意:如果确认散装头已下降到规定位置(散装头已与料罐口密合后数秒钟),指示灯仍不亮,说明松绳开关已失灵,应立即停止给料,提升散装头,进行检修。

(3)进行装料时,注意料位计是否失灵,装料已到满装时间,料位计仍不发出信号,应立即停止下料,提升散装头,如料已装满,说明料位计控制失灵，应立即进行检修。

（4）在装料过程中，如果发生溢料，应立即停止下料。千万不要在散装头内积满料的情况下，提升散装头，应把吸尘管防尘罩卸下，排去一部分积存物料后，再慢慢把下料管的积料排除，然后再提升散装头。

（5）伸缩下料管伸缩不灵活，通过调整两钢丝绳长短使伸缩自如。

67. 干式卸料器的作用与构成是什么？

答：干式卸料器是渣仓底部配套的全自动散装物料设备，主要作用是灰渣装车。

该设备主要由散装头、升降驱动装置、料位控制装置、布袋除尘器除尘装置及自动控制手动操作台等所组成。

68. 干式卸料器系统卸料时自动控制的顺序是什么？

答：首先开启排气管道上的吸尘风机，再开启干式卸料器入口处的振动给料机和气动干灰阀向车内装料；当料罐装满时，散装头上的料位计发出信号，此时，自动关闭气动干灰阀和振动给料机，延时一段时间（一般为4~6s），停止吸尘风机，最后使散装头自动提升，完成一次卸料过程。气动插板阀、吸尘风机在开始装料和装满料的两个动作过程中互为闭锁，即前一个动作未执行，后一个设备不能开启或关闭，要调整控制顺序，必须解除连锁。

69. 干式卸料器如何检修维护？

答：（1）定期检查限位开关的触点是否被扬尘积满而不动作。

（2）定期清洗料位控制系统的管路，经常保持进入料位控制系统的管路内空气的清洁，保证空气管不堵塞，压力信号畅通。

（3）定期检查钢丝绳、落灰管、帆布等的磨损情况，及时更换。

（4）定期检查传动机构工作运行情况。

（5）各润滑点要定期加油。

（6）料位系统灵敏度调好后，不要随意变动，旋钮要加铅封。

（7）定期检查下料管和吸尘管，清扫积灰。

70. 干式卸料器如何润滑?

答:(1)减速机齿轮箱在首次运行一周后,要全部更换润滑油,在清洗干净后重新加注。

(2)每月检查干式卸料器提升机减速机的油量。

(3)干式卸料器提升机减速机换油周期是3000h。

71. 输送钢带打滑的原因及处理措施是什么?

答:输送钢带打滑的原因如下:

(1)输送钢带跑偏。

(2)输送钢带承载钢板损坏。

(3)干式排渣机导料板变形。

(4)异物卡阻输送钢带。

(5)输送钢带张紧压力不足。

(6)液压张紧失灵。

(7)连接机构损坏。

(8)接近开关松动。

(9)接近开关损坏。

(10)输送钢带过热伸长。

(11)输送钢带磨损伸长。

(12)行程开关损坏。

输送钢带打滑的处理措施如下:

(1)按要求调偏,更换磨损侧防跑偏轮。

(2)更换损坏的承载钢板。

(3)矫正、更换变形导料板。

(4)清除异物。

(5)就地增加液压系统压力。

(6)用机械方式张紧,同时检修液压系统。

(7)更换联轴器、平键或锁紧盘。

(8)重新定位接近开关。

(9)更换损坏的接近开关。

(10)调节进风口增加进风量,并调节张紧装置。

(11)调节张紧装置。

(12)更换损坏的行程开关。

72. 输送钢带无法启动的原因及处理措施是什么？

答：输送钢带无法启动的原因如下：

（1）减速机损坏。

（2）电动机过热。

（3）变频器冷却风扇损坏。

输送钢带无法启动处理措施如下：

（1）更换减速机。

（2）检查下渣量、干式排渣机头部是否有堵渣、输送钢带是否跑偏，如无异常，排除电机或减速机异常。

（3）维修，同时可用风扇代替。

73. 输送钢带张紧液压站电机频繁启动的原因及处理措施是什么？

答：输送钢带张紧液压站电机频繁启动的原因如下：

（1）输送钢带张紧溢流阀调定压力不确定。

（2）输送钢带张紧换向阀或输送钢带张紧溢流阀故障。

输送钢带张紧液压站电机频繁启动的处理措施如下：

（1）在"输送钢带张紧"工况下，调整输送钢带张紧溢流阀至压力表压力指针5.5MPa。

（2）观察输送钢带张紧换向阀电磁铁是否有显示灯信号，如无信号则确定为电气故障，进行检修；如有信号则可确定为换向阀或溢流阀故障，进行更换（更换液压阀之前，必须在就地位置关闭液压泵和通向输送钢带张紧液压缸的2个截止阀）并将换下的液压阀拆卸，用煤油清洗干净后留作备件。

74. 输送钢带驱动电机过载的原因及处理措施是什么？

答：输送钢带驱动电机过载的原因：干式排渣机头部积渣。

输送钢带驱动电机过载处理措施是：迅速清理干式排渣机头部的堵渣，首先要检查碎渣机是在运行状态，清渣过程中要保证输送钢带运行不能停，速度可以放慢，如果输送钢带上渣量过大，可以关闭液压关断门，把输送钢带上的渣输送完再打开液压关断门。

75. 减速机与滚筒轴连接的锁紧盘出现松动打滑，如何处理？

答：出现这种问题的原因是：减速机锁紧盘螺栓安装方向错误，

导致现场锁紧盘螺栓紧固位置相对狭小，无法伸进力矩扳手进行力矩紧固。处理方法是：调整减速机锁紧盘螺栓安装方向，紧固锁紧盘螺栓。

76.启动吹灰，炉渣把钢带压死，如何处理?

答：渣量过大是导致钢带压死的主要原因，其处理方法是关闭液压关断门，清理压在输送钢带上的渣，直到输送钢带能启动，然后陆续开启液压关断门，要逐个逐渐开启，观察输送钢带上的渣量，不要全部开启。

77.清扫链脱链的原因及处理措施是什么?

答：清扫链脱链的原因如下：

（1）驱动链轮损坏。

（2）导向链轮卡阻。

（3）张紧压力不足。

（4）液压张紧失灵。

（5）接近开关松动。

（6）行程开关损坏。

（7）连接机构损坏。

（8）接近开关损坏。

（9）清扫链磨损伸长。

清扫链脱链的处理措施如下：

（1）更换驱动链轮。

（2）清除卡阻因素。

（3）就地增加液压系统压力。

（4）用机械方式张紧，同时检修液压系统。

（5）重新定位。

（6）更换。

（7）更换减速机联轴器、平键或锁紧盘。

（8）更换。

（9）调节张紧，去除多余链条或更换链条。

78.清扫链断链的原因及处理措施是什么?

答：清扫链断链的原因如下：

（1）刮板卡死。

（2）刮板变形。

（3）链条超极限使用。

（4）链破坏。

清扫链断链的处理措施如下：

（1）停机检查，排除故障。

（2）更换变形刮板。

（3）检测如链条超极限更换链条。

（4）更换链条。

79. 清扫链无法启动工作的原因及处理措施是什么?

答：清扫链无法启动工作的原因如下：

（1）减速机损坏。

（2）电动机过热。

清扫链无法启动工作的处理措施如下：

（1）更换减速机。

（2）检查卡阻原因、排除电机或减速机故障。

80. 清扫链张紧液压站电机频繁启动的原因及处理措施是什么?

答：清扫链张紧液压站电机频繁启动的原因如下：

（1）清扫链张紧压力表下限指针位置不正确。

（2）清扫链张紧溢流阀调定压力不正确。

（3）清扫链张紧换向阀或清扫链张紧溢流阀故障。

清扫链张紧液压站电机频繁启动的处理措施如下：

（1）调节压力表下限指针至3.0MPa。

（2）在"清扫链张紧"工况下，调整清扫链张紧溢流阀至压力表压力指针4.0MPa。

（3）观察清扫链张紧电磁铁是否有显示灯信号，如无信号则确定为电气故障，进行检修；如有信号则可确定为换向阀或溢流阀故障，进行更换（更换液压阀之前，必须在就地位置关闭液压泵和通向输送钢带张紧液压缸的2个截止阀）并将换下的液压阀拆卸，用煤油清洗干净后留作备件。

81. 清扫链驱动链轮驱动轴停转的原因及处理措施是什么？

答：清扫链驱动链轮驱动轴停转的原因如下：

（1）过流保护动作。

（2）驱动电机、变速箱故障或链条断裂。

（3）驱动轴的键被损坏。

清扫链驱动链轮驱动轴停转的处理措施如下：

（1）检查排除故障后，重新启动。

（2）检查排除故障后更换断裂链条。

（3）更换键。

82. 清扫链的刮板倾斜的原因及处理措施是什么？

答：清扫链的刮板倾斜的原因如下：

（1）传动、张紧、驱动链轮、导向轮不在一个纵向平面内。

（2）链条张紧力不足。

（3）两链条长短偏差过大。

清扫链的刮板倾斜的处理措施如下：

（1）重新调整使其在同一个纵向平面内。

（2）调整链条张紧。

（3）调整链条长度。

83. 碎渣机停转，如何处理？

答：因为硬渣快卡堵或炉内金属异物卡堵，造成碎渣机停转。处理方法是在碎渣机运行过程中发现异物卡堵后，碎渣机可进行3次正反转运行，一般情况下，可以保证碎渣机正常运行。停止干式排渣机运行，关闭液压关断门，打开碎渣机上部的连接，检查碎渣机内部是否有金属异物，如仍卡堵，可以通过千斤顶或调整螺栓调节颚板和辊齿板的间距，再利用卡钳或手工取出异物；或沿轨道推出碎渣机，将异物直接排出到平台上。调整颚板和辊齿板的间距后试运行，无卡堵现象后，碎渣机安装复位，然后启动碎渣机和干式排渣机，开启液压关断门。

84. 碎渣机易损件的磨损及其连接螺栓头掉，如何处理？

答：因为渣量大、有硬的结焦渣块等，导致易损件的磨损及其连接螺栓头掉，处理方法是更换易损件。

85. 斗提机逆止器损坏的原因及处理措施是什么？

答：斗提机逆止器损坏的原因如下：

（1）旋转方向错误。

（2）逆止器安装方向有误。

（3）转矩臂的固定不牢固。

斗提机逆止器损坏的处理措施如下：

（1）更换配线。

（2）重新安装。

（3）拧紧固定螺栓。

86. 斗提机料斗变形的原因及处理措施是什么？

答：斗提机料斗变形的原因如下：

（1）灰渣附着或硬结在尾部箱壳上。

（2）渣过量投入。

（3）安装螺栓松动。

（4）中间落渣斗满仓。

斗提机料斗变形的处理措施如下：

（1）清扫箱壳内部。

（2）定量投入。

（3）紧固螺栓。

（4）清理积渣。

87. 斗提机不能启动，如何处理？

答：因为减速机电机故障导致斗提机不能启动，处理方法是检修或更换减速机电机。

88. 斗提机脱链，如何处理？

答：驱动链轮的中心轴线位置不正确是导致脱链的主要原因，处理方法是调整驱动链轮的中心轴线位置。

89. 斗提机滚子链下垂超过规定，如何处理？

答：驱动滚子链拉伸是导致滚子链下垂的原因，处理方法是调整驱动滚子链长度。

90. 渣仓双轴湿式搅拌机喷嘴堵塞，如何处理？

答：供水管中有杂质是双轴湿式搅拌机喷嘴堵塞的原因，处理方法是清理喷嘴及管路。

91. 渣仓双轴湿式搅拌机卡链条，如何处理？

答：双轴湿式搅拌机卡链条原因是两链轮不在一直线上，或链轮、链条长期运行磨损严重，配合不好。处理方法是调整两链轮使之在同一直线上，或更换链轮、链条。

92. 渣仓双轴湿式搅拌机运行有异常声音，如何处理？

答：双轴湿式搅拌机运行有异常声音原因是卡链条、轴承缺油、轴承损坏、叶片松动刮碰机体或减速机损坏。处理方法是查清是何种原因，然后采取对应的解决办法，如更换链轮、链条，加油，更换轴承，拧紧叶片，检修减速机等。

93. 渣仓双轴湿式搅拌机向外飞干灰，如何处理？

答：双轴湿式搅拌机向外飞干灰原因是机盖密封垫损坏或喷嘴堵塞、角度不正确，水雾封不住挡板处的干灰。处理方法是更换密封垫或清理、调整喷嘴。

94. 液压系统液压站压力升不上来的原因及处理措施是什么？

答：液压系统液压站压力升不上来的原因如下：
（1）先检查液压油是否液位低。
（2）检查泵声音异常。
（3）如果上述两者不存在。
液压系统液压站压力升不上来的处理措施如下：
（1）加注油。
（2）如果泵声音太大，就是液压油太脏或太稠，需要重新滤油或换油。
（3）调节溢流阀，把压力调节到8MPa。

95. 液压关断门挤压头打开时超压报警或无法打开，如何处理？

答：液压关断门挤压头打开时超压报警或无法打开原因是挤压头后部积灰。处理方法打开箱体底部两侧法兰盖，清理积灰。

96. 液压关断门挤压头打开或合拢无信号的原因及处理措施是什么?

答:液压关断门挤压头打开或合拢无信号的原因如下:

(1)行程开关接触不良。

(2)行程开关损坏。

(3)相关电路故障。

液压关断门挤压头打开或合拢无信号的处理措施如下:

(1)检查调整行程开关位置。

(2)更换行程开关。

(3)检修相关线路。

97. 液压关断门挤压头打开无动作(合拢有动作)的原因及处理措施是什么?

答:液压关断门挤压头打开无动作(合拢有动作)的原因如下:

(1)挤压头伸换向阀故障。

(2)电路故障。

液压关断门挤压头打开无动作(合拢有动作)的处理措施如下:

(1)检查挤压头伸换向阀电气通电、断电是否正确,如果无误,应更换换向阀,并将换下的换向阀拆卸,用煤油清洗干净后留作备件。

(2)检修相应电路。

98. 液压关断门挤压头合拢无动作(打开有动作)的原因及处理措施是什么?

答:液压关断门挤压头合拢无动作(打开有动作)的原因如下:

(1)挤压头换向阀故障。

(2)电路故障。

液压关断门挤压头合拢无动作(打开有动作)的处理措施如下:

(1)检查挤压头换向阀通电、断电是否正确,如果无误,应更换换向阀,并将换下的换向阀拆卸,用煤油清洗干净后留作备件。

(2)检修相应电路。

99. 液压关断门挤压头打开或合拢指令后均无动作,如何处理?

答:原因:液压缸安装梁上的对应换向阀故障。

处理：检修液压缸安装梁上的对应换向阀。

100. 液压系统液压泵不出油的原因及处理措施是什么？

答：液压系统液压泵不出油的原因如下：

（1）传动泵的电机转向错误。

（2）油箱内的油面太低。

（3）吸油管或过滤器堵塞。

（4）从吸油管吸入空气。

（5）液压油黏度太高。

（6）油泵损坏。

液压系统液压泵不出油的处理措施如下：

（1）将电机反向。

（2）加适量的液压油。

（3）清洗过滤器、吸油管、去除杂物。

（4）检查漏气并维修。

（5）使用规定的液压油。

（6）检修、更换油泵。

101. 液压系统液压泵不升压的原因及处理措施是什么？

答：液压系统液压泵不升压的原因如下：

（1）溢流阀调定压力太低。

（2）溢流阀座被异物卡死。

（3）液压系统中有泄漏。

（4）液压系统中的油自由流回油箱。

液压系统液压泵不升压的处理措施如下：

（1）调整溢流阀的压力。

（2）清理溢流阀座上的杂物。

（3）对液压系统进行顺次试验检查漏电，并检修。

（4）检查液压系统中的截止阀是否关闭，换向阀是否在正常位置。

102. 液压系统液压泵噪声大的原因及处理措施是什么？

答：液压系统液压泵噪声大的原因如下：

（1）吸油管部分堵塞。

（2）吸油管吸入空气。

（3）液压泵的端盖螺钉松动。

（4）配油盘有异物堵塞。

（5）油中有气泡。

（6）油的黏度太高。

液压系统液压泵噪音大的处理措施如下：

（1）清除杂物使其畅通。

（2）检查、堵漏。

（3）拧紧螺钉直至噪声停止。

（4）拆卸并清除杂物。

（5）检查回油管出口是否没入油中，加长回油管。

（6）选用合适的液压油。

103. 液压系统液压泵过度发热的原因及处理措施是什么？

答：液压系统液压泵过度发热的原因如下：

（1）油的黏度太高。

（2）内部泄漏过大。

（3）工作压力太高。

（4）散热不良。

液压系统液压泵过度发热的处理措施如下：

（1）选用合适的液压油。

（2）检查阀、缸的泄漏情况。

（3）检查压力表、溢流阀的灵敏度。

（4）检查油路是否短路，冷却器通油、通水状况。

104. 液压系统压力表跳动的原因及处理措施是什么？

答：液压系统压力表跳动的原因如下：

（1）溢流阀动作不良。

（2）出口油路上有空气。

（3）油的流量超过溢流阀的允许值。

（4）溢流阀和其他阀产生共振。

（5）回油不合适。

液压系统压力表跳动的处理措施如下：

（1）清洗或更换阀。

（2）放出空气。

（3）换大通径阀。

（4）改变溢流阀的调定压力。

（5）排除回油阻力。

105. 液压系统压力表不显示或调压无反应的原因及处理措施是什么？

答：液压系统压力表不显示或调压无反应的原因如下：

（1）压力表使用时间过长或表线内有杂物。

（2）溢流阀因油路有杂物致使阀芯卡死。

液压系统压力表不显示或调压无反应的处理措施如下：

（1）拆下清洗测压表线至通路。

（2）溢流阀拆下左旋卸下插入体，清洗阀芯及阀体，安装后调试即可，如果无压力显示需要更换溢流阀。

第二节　刮板捞渣机的运行维护

1. 锅炉大修后，刮板捞渣机启动前有哪些注意事项？

答：刮板捞渣机启动前注意事项如下：

（1）检查刮板捞渣机各部位上是否存有其他与设备无关的物品及杂物，如存在需全面清理干净。

（2）检查主要零部件（如驱动机构、内导轮组装、张紧轮组装、拖动机构及其支座、拖动链轮等）上的螺栓是否已拧紧。

（3）检查所有刮板是否已安装到位，接链环锁紧销是否已装配到位。

（4）检查驱动系统及液压张紧系统的油箱内的油位是否符合要求。

（5）检查减速机的油位高度是否保持在视镜规定刻度线内，检查有无漏油。

（6）检查链条是否已经张紧。每次开机前必须检查链条是否张紧，不允许链条在松弛状态下起动电机。

2. 刮板捞渣机的刮板运行速度有哪些要求？

答：刮板按锅炉排渣量调节至合适的刮板速度，在这个速度下既满足出力要求，又使刮板链条和链轮磨损最慢。一味地提高刮板运行速度，会加速刮板、链条和链轮的磨损。

3. 刮板捞渣机日常有哪些巡检项目？

答：刮板捞渣机在运行期间，应每班巡检一次以下项目：环链与链轮的啮合、环链接头、刮板与环链的连接、液压系统中油箱中的油位等。

4. 刮板捞渣机何时截取链条？

答：随着环链磨损而长度增加时，液压自动张紧将自动升高张紧轮轴，保持链条始终处于较紧的工作状态。而当张紧调节链轮升至极限高度后，可采取割去一段环链的方法，使张紧链轮降至最低位置。

5. 刮板捞渣机何时更换链条？

答：当链条磨损严重无法保证与链轮的正常啮合时，需全部更换，更换前应先将张紧链轮降至最低位置并拆除刮板。

6. 刮板捞渣机链条截取的操作步骤是什么？

答：刮板捞渣机链条截取具体操作步骤如下：

（1）先做好截链前的准备工作，如备好接链环、气割设备、铁锤、铜棒、手拉葫芦等，并将尾罩取下。

（2）停机并迅速完成以下操作。

（3）将张紧链轮降至最低位置，并用手拉葫芦拉紧需截割以外的环链。

（4）截割长出的接链环，注意必须割断水平环以保证接链环处于相同的方位。

（5）用接链环将断开的环链重新接好，注意装入锁紧销。

（6）取下手拉葫芦，并将插板推入。

（7）调整张紧系统。

（8）重新启动捞渣机。

7. 刮板捞渣机如何更换刮板？

答：当刮板磨损严重无法保证与环链的正常连接，有脱落的趋势时，应及时更换新的刮板。更换时，先降低刮板的运行速度，并降低张紧链轮的高度使链条处于松弛状态。然后将尾罩取下，在尾部拆装刮板（需暂停机，完成一个刮板更换后再开启）。如整个过程历时较长时，更换完几个刮板后让捞渣机运行一段时间，以清除槽体内存储的炉渣，然后在更换其余的刮板。

8. 刮板捞渣机何时更换链轮？

答：当链轮轮齿磨损严重无法保证与链条的正常啮合时，易造成脱链现象，应及时更换新的轮齿。更换前应先脱开链条。

9. 刮板捞渣机系统液压油的补充与更换要求是什么？

答：液压油的要求为：液压油每6个月要求化验一次，化验包括黏度、氧化程度、含水量、杂质和污物含量，工作温度下黏度为40~150Pa·s，冷启动时，在低压、低流量下运行，最大允许黏度为1600Pa·s，含水量应该不超过0.1%，杂质和污物的固体颗粒度不超过ISO 4406 16/13。油箱中的油液必须达到最大液位以下20mm。

如果不符合以上要求，就必须更换和补充液压油。

10. 刮板捞渣机轴承的润滑要求是什么？

答：轴承采用高级通用锂基润滑脂，每个月更换一次新的润滑脂，对于内导轮轴承，必须至少半个月更换一次新的润滑脂，润滑脂必须充满轴承内腔。

11. 刮板捞渣机有哪些易损件？

答：刮板捞渣机易损零部件有：链条、接链环、刮板、链轮、内导轮、前导轮、尾导轮、张紧轮、各型号轴承、张紧液压缸、动力站滤芯、液压软管等。

12. 锅炉大修后，刮板捞渣机系统液压关断门启动前有哪些注意事项？

答：（1）启动前请确定油箱液位是否正常，电磁换向阀是否处于原始状态，电控箱内元器件有无松动、线头有无脱落。确认油泵电机转换开关的位置。

（2）合上电源开关，"电源指示"灯亮，按动"油泵启动"按钮，油泵启动，"油路畅通"指示灯亮，空运转3~5min。

（3）调节溢流阀，设定工作压力：

1）启动电机，先空运转5~10min，再逐渐分挡升压（每挡0.5~1MPa），每挡时间间隔5~10min，直至压力达到额定工作值10MPa。

2）调整溢流阀，将系统压力设定在工作压力（一般为8MPa），将调整螺杆锁紧。

（4）检查管路，确保无渗漏点，如有渗漏，拧紧管接头或更换密封件。

（5）关门顺序：依次按住相应渣口的"端门摇起""内侧门摇起""外侧门摇起"按钮，每次至表压指示回升至设定工作值，再按住15s左右，然后再操作下一按钮。

（6）确认各门关闭到位，侧门油缸机械锁到位。关闭电源，油泵停止运转。

（7）关断门开启时需重复步骤（3），再按住相应渣口的"外侧门放下""内侧门放下""端门放下"按钮，每次至表压指示回升至设定工作值，再按住15s左右，然后再操作下一按钮。

（8）确认各门到位后，关闭电源，油泵停止运转。

13. 如何确认刮板捞渣机水封槽补水正常？

答：（1）观察水封槽液位是否在液位计以上高度。

（2）就地听补水管道内是否有水流动声音或者用手摸感觉管道是否进水。

（3）观察补水管处液面是否有大的波动及泡沫。

14. 刮板捞渣机系统出现综合故障跳停时应安排巡检人员重点检查哪些项目？

答：（1）核实系统油压是否超过高限。

（2）确认油站油温未超高限。

（3）检查刮板跑偏、断链保护探头是否脱落、歪斜。

（4）确认控制电源是否正常投入。

（5）检查油箱油位是否低于1/3。

（6）检修到现场后启动油泵确认进油口阀门是否正常。

15. 刮板捞渣机系统液压关断门有哪些运行与维护项目？

答：（1）管接头、螺塞等要定期检查紧固，确保无渗漏点。

（2）油箱管路、阀板、各密封件、压力表每半年检查一次。

（3）液压油定期检验油污度，及时更换新油（每年需更换一次新油）。

（4）定期检查过滤器，发现堵塞应及时清洗过滤器滤芯。

（5）关断门每3个月按操作顺序摇起、放下一次。

（6）高压胶管每两年应更换一次。

16. 刮板捞渣机系统液压关断门及液压系统有哪些注意事项？

答：（1）液压油需经120目/英寸滤网过滤。

（2）当"油路阻塞"指示灯亮时，应及时停机检查，排除管路阻塞。

（3）液压关断门关闭后，门下严禁站人。

17. 刮板捞渣机系统关断门液压站的作用是什么？

答：关断门液压站是专门为捞渣系统中关断门配套设计、制造的液压控制系统。系统油箱采用半封闭结构，附设有空气过滤装置、油液过滤装置，动力源采用具有抗污染能力强、工作可靠的齿轮泵，控制部分选用先进的元件集成于一体，因此该系统具有结构简单、合理、体积小、性能可靠、易于维修等特点。

18. 刮板捞渣机关断门液压系统有哪些主要技术参数？

答：刮板捞渣机关断门液压系统的主要技术参数如下：

（1）系统最高使用压力：P_{max}=17.5MPa。

（2）系统额定流量：Q=21L/min。

（3）电机功率：4kW。

（4）电磁铁控制电压：AC 220V。

（5）工作介质：H46号抗磨液压油。

（6）工作使用温度：5~65℃。

（7）油箱有效容积：300L。

19. 刮板捞渣机系统关断门液压站系统各元件采用如何布置？

答：刮板捞渣机系统关断门液压站系统的油泵驱动电机采用卧

式安装，油泵放置在油箱之上，全部控制元件集成用于一体，减少空间。在油泵的吸油口装了吸油滤油器，使进入系统的油液清洁度得到了有效的保证，降低了系统的故障，延长了系统各元件的使用寿命和系统工作的可能性。

20. 刮板捞渣机系统关断门液压站液压泵的作用是什么？

答：液压泵是整个系统的动力源，向整个系统供应压力油。泵的进口处安装有吸油滤清器，保证进入系统的油液清洁度。

21. 刮板捞渣机系统关断门液压站空气滤清器的作用是什么？

答：空气滤清器是系统的空气过滤装置，保证进入油箱空气的清洁度。

22. 刮板捞渣机系统关断门液压站电磁溢流阀的作用是什么？

答：电磁溢流阀是系统的压力调节阀，可以根据负载的大小调节压力油的大小，并保证压力油的稳定性。

23. 刮板捞渣机系统关断门液压站电磁换向阀的作用是什么？

答：电磁换向阀是油液流动方向的切换阀，当给电磁铁通电时，油缸伸出和缩回。在电控柜的面板上显示的是第几路油缸的伸出与缩回，其实通过旋转按钮的伸出与缩回，也是在改变电磁铁通电的接点来实现。

24. 刮板捞渣机系统关断门液压站双单向节流阀的作用是什么？

答：双单向节流阀是流量控制阀，可用它调节油缸的双向运行速度。

25. 刮板捞渣机系统关断门液压站液控单向阀的作用是什么？

答：液控单向阀用来保证油液不倒流，起保压的作用，在一定时间内它可保持油缸的压力在要求的范围内。

26. 刮板捞渣机系统关断门液压站回油滤油器的作用是什么？

答：回油滤油器是用来在卸压时让油流回油箱。

27. 刮板捞渣机系统关断门液压站如何测油位及油温？

答：在刮板捞渣机关断门液压站油箱上安装有液位液温计，既可以测油箱油位的高低，也可以测油的温度。

28. 刮板捞渣机系统关断门液压站有哪些运行与维护项目？

答：刮板捞渣机系统关断门液压站有以下运行与维护项目：

（1）冬季室内油温未达到10℃时，不准开始顺序动作，夏季油温高于60℃时，要注意系统的工作状况，并通知维修人员进行处理。

（2）停机4h以上的设备，应先使泵空载运转5min，再启动执行机构工作。

（3）不准任意调整电控系统的互锁装置、损坏或任意移动各限位挡块的位置。

（4）各种液压元件未经主管部门同意，任何人不准私自调节或拆换。

（5）系统的油液在使用初期3个月后每隔一年或是油液污染度超标时应更换或过滤，确定系统的正常运行。

（6）定期对液压系统的元件、辅件进行检查。

29. 刮板捞渣机系统渣仓的作用是什么？

答：刮板捞渣机系统钢渣仓是一种新型钢结构灰渣储存装置，适用于燃煤电厂锅炉动力除渣系统。该设备结构简单，操作方便，具有占地面积小，运行安全可靠等优点。定期储存后，经卸料装置排放，利用运渣车等运输工具将灰渣外运，并加以综合利用。

30. 刮板捞渣机系统渣仓的工作原理是什么？

答：渣仓卸渣后，打开反冲洗阀门对析水元件进行冲洗，并清理排灰闸门及装车散落灰渣，使该渣仓处于下一次进渣的准备状态。脱水仓仓体上部为圆柱形筒体，下部为圆锥形。仓体底端设有气缸排渣门，仓顶部设置封闭平台，用以支撑仓顶料位计、检修用吊车及其他附件，并兼做巡视检查维护用平台，仓外设仓壁振动器，在卸渣不畅时，协助卸渣。在排渣门下设置运转层平台。

31. 刮板捞渣机系统渣仓控制系统和操作要求有哪些？

答：渣仓在进渣以前，操作者应先关闭仓底排渣门。排渣门关闭到位时，操作面板上指示灯将提示操作者，此时即可进渣。

如因灰渣料位低，出现卸渣困难时，可启动一台或全部仓壁振动器，迫使结渣脱落。

渣仓在排渣完毕注入灰渣前，应关闭排渣门，打开反冲洗阀门用反冲洗水对析水元件及析水管道进行冲洗，清除析水元件及析水管道的积渣。冲洗完毕后，关闭反冲洗阀门，等待灰渣注入，进入备运状态。

32. 刮板捞渣机脱链的现象是什么？

答：刮板捞渣机脱链在捞渣机装成运行初期较为常见。常见刮板捞渣机脱链的部位主要集中于水平仓体内的导向轮处及斜升仓体内的近主动轮系处。

刮板捞渣机脱链会影响捞渣机整机甚至锅炉本体的安全运行。捞渣机脱链增加了检修工作量，检修维护不及时会导致刮板捞渣机仓体内大量积渣，严重时会影响锅炉本体的运行。

33. 刮板捞渣机脱链的原因是什么？

答：刮板捞渣机脱链的原因主要集中于两方面：一是安装时重视不够，没有对刮板两侧链条使用相同的张紧力；二是在使用过程中不注意平时维护，致使两侧链条长短不一，两侧链条长度相差超过允许的误差。

34. 刮板捞渣机脱链，如何处理？

答：对于捞渣机脱链的应对，应以预防为主，检修为辅。除去设计时延长斜升段水平长度降低角度以外，应在两侧链条上都安装保护开关，当刮板受力较大保护开关起作用时应及时调整。同时，在捞渣机近主动轮系附近安装导向槽，防止链条脱链。

捞渣机链条已经脱链时，需要尽快检修。脱链时的检修一般以调整两侧链条为同一长度为主。将两侧链条用链条链接头进行调整，调整后误差需满足使用要求。

35. 刮板捞渣机刮板脱落的现象是什么？

答：捞渣机刮板脱落在多个电厂的刮板捞渣机运行过程中出现过。捞渣机刮板脱落会产生连锁反应，当一块刮板脱落后该刮板不再进行有效工作，而第二块刮板承担了原本是第一块刮板的灰渣量，于是后面的刮板也较容易脱落。刮板脱落严重时会影响捞渣机整机的运行，需要对捞渣机进行停机维护。

36. 刮板捞渣机刮板脱落的原因是什么？

答：刮板捞渣机刮板的脱落原因较多，主要有自身原因和外在原因两方面。自身原因主要是连接刮板街头和链条的连接销形式问题。以前常用连接销为开口销和螺纹销两种，这两种连接销都存在不同程度的缺陷。开口销长时间使用之后会造成磨损或锈蚀后断裂脱落，进而导致刮板的脱落。螺纹销长时间使用后会锈蚀不易拆卸，经强行拆卸后也会产生断裂脱落的现象。

外在原因是仓体底板铺设的耐磨铸石板松动。当材质为玄武岩的铸石板脱落或松动后，由于玄武岩硬度很高，当刮板从铸石板经过时，刮板受到松动高出的铸石板巨大的冲击力，使得刮板停滞不前，从破坏单侧主动链轮开始，再使单侧链条脱落，而另一侧链轮和链条刮板可以正常工作，带着倾斜的刮板继续工作，刮板在经过导向轮或张紧轮时被拉断。

37. 刮板捞渣机刮板脱落，如何处理？

答：刮板捞渣机刮板脱落的处理方法：首先要从刮板接头和链条的连接销结构着手，将原用的开口销或螺纹连接销改为新式弹性圆柱销，弹性圆柱销既能和刮板街头结合紧密不至于出现腐蚀断裂的现象，也不会出现因腐蚀不易拆装的现象。这一改变可以从刮板自身解决刮板断裂的问题。

因玄武岩耐磨铸石板的松动而导致刮板脱落断裂的问题，需要捞渣机使用单位加强对捞渣机整机使用的维修保养。同时，需要在用通轴连接的后下导轮和张紧轮系处添加拖链保护装置，防止一侧工作时拉断刮板而破坏导轮。

38. 刮板捞渣机主动链轮轮齿磨损及断裂的原因是什么？

答：刮板捞渣机主动链轮常见结构有凹齿和凸齿两种。凹齿常用于小型机组捞渣机使用，凸齿近年较为常见。在捞渣机使用过程中，随着圆环链条的受力工作，节距不断拉大，主动链轮存在正常磨损的现象。随着圆环链条节距的不断增大，当链条无法从主动链轮窝中退链时有可能出现拉断主动链轮轮齿的现象。另一造成此现象的原因是，在链轮制造过程中，对轮齿淬火深度不够，当淬火层被磨损掉之后，也会出现这种现象。

39. 刮板捞渣机主动链轮轮齿磨损及断裂，如何处理？

答：对于捞渣机主动链轮的磨损和断齿问题，应以预防为主。在制作主动链轮时应该改进制造工艺，提高制造质量。选用合适的材质，进行合理的热处理，提高其耐磨性，从而延长其寿命。

要注意对链条刮板的保养维护。适时更换节距拉长的链条，更换使用磨损的刮板，避免因链条节距变长而导致的拖链，也要避免因刮板脱落引发的主动链轮断齿。

40. 刮板捞渣机有哪些常见故障？

答：刮板捞渣机常见故障有：
（1）主轴停转。
（2）链条跑偏。
（3）液压驱动装置故障报警。
（4）捞渣机故障报警。

41. 刮板捞渣机主轴停转有哪些原因？

答：刮板捞渣机主轴停转的原因有：
（1）过流保护动作。
（2）保险销断裂。

42. 刮板捞渣机主轴停转，如何处理？

答：刮板捞渣机主轴停转的处理方法有：
（1）检查排除故障后重新启动。
（2）检查排除故障后更换保险销。

43. 刮板捞渣机链条跑偏有哪些原因？

答：刮板捞渣机链条跑偏的原因有：
（1）传动、张紧、上下导向轮不在一个纵向平面内。
（2）张紧张力不均。
（3）链条长短偏差太大。

44. 刮板捞渣机链条跑偏，如何处理？

答：刮板捞渣机链条跑偏的处理方法有：
（1）重新调整传动、张紧、上下导向轮。

（2）重新调整张紧。

（3）找出对应段，左右调换。

45. 刮板捞渣机系统液压驱动装置故障报警有哪些原因？

答：刮板捞渣机系统液压驱动装置故障报警的原因有：

（1）油过滤器网脏。

（2）油箱油位低。

（3）油温高。

（4）油泵低压力。

46. 刮板捞渣机系统液压驱动装置故障报警，如何处理？

答：刮板捞渣机系统液压驱动装置故障报警的处理方法有：

（1）停止运行液压驱动装置。

（2）立即检修。

47. 刮板捞渣机系统故障报警有哪些原因？

答：刮板捞渣机系统故障报警的原因有：

（1）捞渣机水温超过限值。

（2）捞渣机速度开关故障，虽捞渣机启动，但测速圆盘不动。

（3）捞渣机负荷大或链条卡。

（4）张紧装置高位报警。

48. 刮板捞渣机系统故障报警，如何处理？

答：刮板捞渣机系统故障报警的处理方法有：

（1）查看补水情况，判断是补水阀故障还是温度开关故障。

（2）判断是否发生断链。

（3）点动倒转，查看正常后重新启动。

（4）立即通知检修。

49. 刮板捞渣机系统液压站液压泵有哪些常见故障？

答：刮板捞渣机系统液压站液压泵常见故障有：

（1）液压泵不出油。

（2）液压泵不升压。

（3）液压泵漏油。

（4）液压泵动作不良。

（5）液压泵有噪声。

（6）液压泵过度发热。

50.刮板捞渣机系统液压泵不出油故障有哪些原因？

答：刮板捞渣机系统液压泵不出油故障的原因有：

（1）传动泵的电机转向错误。

（2）油箱内的液面太低。

（3）吸油管或过滤器堵塞。

（4）从吸油管吸入空气。

（5）油泵转速太低。

（6）油液黏度太高。

（7）如果是叶片泵，叶片是否正常。

51.刮板捞渣机系统液压泵不出油故障，如何处理？

答：刮板捞渣机系统液压泵不出油故障的处理方法有：

（1）将电机反向。

（2）增加适量的液压油。

（3）清洗过滤器、吸油管，去除杂物。

（4）检查何处漏气，并修理。

（5）提高转速。

（6）使用推荐的液压油。

（7）检查叶片泵。

52.刮板捞渣机系统液压泵不升压故障有哪些原因？

答：刮板捞渣机系统液压泵不升压故障的原因有：

（1）溢流阀调定压力太低。

（2）溢流阀阀座被杂物卡死。

（3）系统中有泄漏。

（4）系统中的油自由流回油箱。

（5）端盖未能拧紧。

53.刮板捞渣机系统液压泵不升压故障，如何处理？

答：刮板捞渣机系统液压泵不升压故障的处理方法有：

（1）调整溢流阀的压力。

（2）清除溢流阀阀座上的杂物。

（3）对系统进行逐项试验检查。

（4）检查系统中的各处截止阀是否关闭，换向阀是否在正常位置。

（5）紧固螺钉。

54. 刮板捞渣机系统液压泵漏油故障有哪些原因？

答：刮板捞渣机系统液压泵漏油故障的原因有：

（1）油的黏度太低。

（2）密封圈损坏。

55. 刮板捞渣机系统液压泵漏油故障，如何处理？

答：刮板捞渣机系统液压泵漏油故障的处理方法有：

（1）检查并更换液压油。

（2）检查并更换密封圈。

56. 刮板捞渣机液系统压泵动作不良故障有哪些原因？

答：刮板捞渣机系统液压泵动作不良故障的原因有：

（1）启动时或寒冷时动作不良。

（2）随温度上升，速度下降。

（3）跳动。

（4）速度低时速度不稳。

57. 刮板捞渣机系统液压泵动作不良故障，如何处理？

答：刮板捞渣机系统液压泵动作不良故障的处理方法有：

（1）油液黏度太高，更换合适的液压油。

（2）泵的压力低，液压阀、液压缸内泄大，检查控制速度的节流分路。

（3）油量不足，混入空气，密封圈压得太紧，并排除之。

（4）节流阀开度太小，节流口损伤，排除或更换液压油。

58. 刮板捞渣机系统液压泵有噪声故障有哪些原因？

答：刮板捞渣机系统液压泵有噪声故障的原因有：

（1）吸油管部分堵塞。

（2）吸油管吸入空气。

（3）泵的端盖螺钉太松。

（4）配油盘有杂物堵塞。

（5）油中有气泡。

（6）油的黏度太高。

59. 刮板捞渣机系统液压泵有噪声故障，如何处理？

答：刮板捞渣机系统液压泵有噪声故障的处理方法有：

（1）清除杂物使其通畅。

（2）检查吸油管，堵漏。

（3）拧紧螺钉直至噪声停止。

（4）拆卸并清除杂物。

（5）检查回油管出口是否没入油中，加长回油管。

（6）选用合适的液压油。

60. 刮板捞渣机系统液压泵过度发热故障有哪些原因？

答：刮板捞渣机系统液压泵过度发热故障的原因有：

（1）油的黏度太高。

（2）内部泄漏过大。

（3）工作压力太高。

（4）散热不良。

（5）卸荷回路动作不良。

61. 刮板捞渣机系统液压泵过度发热故障，如何处理？

答：刮板捞渣机系统液压泵过度发热故障的处理方法有：

（1）检查油的质量与黏度并改用推荐液压油。

（2）检查阀、缸的泄漏情况。

（3）检查压力表及溢流阀灵敏度。

（4）检查油路是否短路，冷却器通油状况是否正常。

（5）检查电气回路、电磁阀、先导回路、卸载阀回路是否正常。

62. 刮板捞渣机系统液压站单向阀有哪些常见故障？

答：刮板捞渣机系统液压站单向阀常见的故障为：发生异常声音。

63. 刮板捞渣机系统液压站单向阀发生异常声音故障有哪些原因？

答：刮板捞渣机系统液压站单向阀发生异常声音故障的原因有：

（1）油流量超过允许值。

（2）和别的阀发生共振。

（3）在卸压单向阀中，没有卸压装置。

64. 刮板捞渣机系统液压站单向阀发生异常声音故障，如何处理？

答：刮板捞渣机系统液压站单向阀发生异常声音故障的处理方法：

（1）加大阀的通径。

（2）改变弹簧的强弱。

（3）安装卸压装置。

65. 刮板捞渣机系统液压站换向阀有哪些常见故障？

答：刮板捞渣机系统液压站换向阀常见故障有：

（1）操纵阀不能动作。

（2）电磁阀线圈烧坏。

（3）压力不稳定。

66. 刮板捞渣机系统液压站换向阀操纵阀不能动作有哪些原因？

答：刮板捞渣机系统液压站换向阀操纵阀不能动作的原因有：

（1）阀被堵塞。

（2）阀体变形。

（3）弹簧折断（有中位的阀）。

（4）操纵压力不够（电液阀）。

67. 刮板捞渣机系统液压站换向阀操纵阀不能动作，如何处理？

答：刮板捞渣机系统液压站换向阀操纵阀不能动作的处理方法有：

（1）拆开清洗。

（2）重新安装，使螺钉压紧力均匀。

（3）更换弹簧。

（4）操纵压力必须大于0.35MPa。

68. 刮板捞渣机系统液压站换向阀线圈烧坏有哪些原因？

答：刮板捞渣机系统液压站换向阀线圈烧坏的原因有：

（1）电磁铁损坏。

（2）电压太低。

（3）换向压力超过规定。

（4）换向流量超过规定。

（5）回油孔有背压。

（6）粉尘阻碍阀运动。

69. 刮板捞渣机系统液压站换向阀线圈烧坏，如何处理？

答：刮板捞渣机系统液压站换向阀线圈烧坏的处理方法有：

（1）更换电磁铁。

（2）调整电压在额定电压的10%以内。

（3）降低压力。

（4）换通径更大的阀。

（5）检查背压是否在规定范围之内。

（6）拆卸清洗。

70. 刮板捞渣机系统液压站换向阀压力不稳定有哪些原因？

答：刮板捞渣机系统液压站换向阀压力不稳定的原因有：

（1）主阀动作不良。

（2）锥阀座不稳定。

（3）锥阀异常磨损。

71. 刮板捞渣机系统液压站换向阀压力不稳定，如何处理？

答：刮板捞渣机系统液压站换向阀压力不稳定的处理方法有：

（1）清洗或更换阀。

（2）调换锥阀，检查液压油脏否及系统是否漏气。

（3）修理锥阀。

72. 刮板捞渣机系统液压站溢流阀有哪些常见故障？

答：刮板捞渣机系统液压站溢流阀常见故障有：

（1）压力太高或太低。

（2）压力表跳动或声音异常。

73. 刮板捞渣机系统液压站溢流阀压力太高或太低有哪些原因？

答：刮板捞渣机系统液压站溢流阀压力太高或太低的原因有：

（1）弹簧太软或调节不当。

（2）压力表不准。

（3）锥阀与锥阀座接触不良。

（4）主动阀动作不良。

（5）锥阀座与主阀座损伤或有脏物。

74. 刮板捞渣机系统液压站溢流阀压力太高或太低，如何处理？

答：刮板捞渣机系统液压站溢流阀压力太高或太低的处理方法有：

（1）更换弹簧或重新调节。

（2）检查压力表是否正确。

（3）修理或更换。

（4）清洗或更换阀。

（5）清洗或更换阀座。

75. 刮板捞渣机系统液压站溢流阀压力表跳动或声音异常有哪些原因？

答：刮板捞渣机系统液压站溢流阀压力表跳动或声音异常的原因有：

（1）主阀动作不良。

（2）锥阀异常磨损。

（3）在出口油路上有空气。

（4）流量超过允许值。

（5）和其他阀产生共振。

（6）回油不合适。

76. 刮板捞渣机系统液压站溢流阀压力表跳动或声音异常，如何处理？

答：刮板捞渣机系统液压站溢流阀压力表跳动或声音异常的处理方法有：

（1）清洗或更换阀。

（2）更换锥阀。

（3）放出空气。

（4）换大通径阀。

（5）略加改变阀的调定压力。

（6）排除回油阻力。

77. 巡查电动机应注意哪些事项？

答：巡查电动机注意以下事项：

（1）电动机接地线完好无损，连接牢固。

（2）地脚螺栓完好紧固。

（3）裸露的传动部分均应有防护罩，并且牢固可靠。

（4）振动符合标准。

78. 刮板捞渣机异常停运条件是什么？

答：刮板捞渣机异常停运条件是：

（1）刮板捞渣机电流、系统油压力、张紧压力、速度同步出现异常升高报警时，应立即急停主电机。

（2）刮板捞渣机刮板速度出现失速时，应立即停运驱动马达，主电机暂不停运；若刮板无法停运时，应紧急停主电机。

（3）链条、刮板、改向轮、驱动轮、张紧轮卡有异物时，应立即停运刮板并将控制方式切换至"就地"，点击刮板"反转"将异物退出；若反转无效时，应联系检修处理。

（4）张紧装置两侧张紧轮出现偏斜时应停运刮板，待检修确认后决定处理方案后停运主电机。

（5）链条、连接件、驱动轮毂、驱动轮齿出现裂缝时，应保持转速不进行调整，检修确认后，决定处理方案，停运刮板和主电机进行调整。

（6）改向轮、浸水轮出现卡死不转时应停运刮板，检修确认，确定处理方案。

79. 刮板捞渣机远方无法启动的原因有哪些？

答：刮板捞渣机远方无法启动的原因有：

（1）无电源。

（2）有故障报警未消除或复位。

（3）就地控制箱操作方式选择开关在就地位。

（4）启动条件未达成。

（5）捞渣机油温低保护。

（6）捞渣机手动状态下点击捞渣机启动按钮。

（7）捞渣机自动状态下点击主电机位置画面启动按钮。

（8）控制回路故障。

第三节　循环流化床滚筒冷渣机系统的运行维护

1. 锅炉大修后，循环流化床滚筒冷渣机系统启动前有哪些注意事项？

答：锅炉大修后，循环流化床滚筒冷渣机系统启动前注意以下事项：

（1）启动前必须检查减速机油位是否正常，摆线针轮减速机采用40号机油或双曲线齿轮油。

（2）将冷渣机进出水阀门全部打开，查看进出水情况，水量必须满足设备运行要求。

（3）在冷渣机"手动"控制状态，少量打开锅炉排渣管处进渣阀门，让少量热渣连续进入冷渣机，运行半小时后冷渣机受热均匀，再全部开启进渣阀门，通过其变频器调节滚筒转速，使其出力跟锅炉排渣量相适应；在其"自动"控制状态，调节锅炉流化床风压变送器至冷渣机变频器之间的信号，使冷渣机出力自动跟踪适应锅炉的排渣量。

（4）当冷却水为工业水时，调节给水阀流量，使冷渣机排水温度不大于90℃。当冷却水为软化水时，排水温度一般不大于95℃。

（5）确认各部位膨胀正常，滚筒出入口渣箱、进渣管、膨胀节等密封严密，无漏渣现象；冷却水系统温升、压力正常；负压收尘系统运行正常。如有异常，排除故障。

（6）确认排渣温度在设计范围内，出力可连续调节能达到额定值。

2. 循环流化床滚筒冷渣机系统运行的前提条件是什么？

答：循环流化床滚筒冷渣机系统运行的前提条件是：

（1）冷却水系统的安全阀检修整定合格，冷却水系统投入，压力、温度、流量等仪表完好，保护定值设置正确，各连锁及保护试验正常。

（2）确认滚筒冷渣器及排渣输送系统检修工作已经全部结束，内无杂物，进渣、出渣通道畅通，传动系统良好，负压密封系统正常。

3. 循环流化床滚筒冷渣机系统启动顺序是什么？

答：循环流化床滚筒冷渣机系统启动顺序是：

（1）启动排渣输送系统。

（2）保持冷渣机进渣阀门在开启状态。

（3）启动滚筒冷渣器，根据床压调整转速控制进渣量。

（4）维持冷却水出口温度正常。

4. 循环流化床滚筒冷渣机系统运行过程中有哪些维护项目？

答：循环流化床滚筒冷渣机系统运行过程中有以下维护项目：

（1）根据床压调整滚筒冷渣器转速。

（2）调整滚筒冷渣器冷却水流量，保证冷却水压力、出口温度和排渣温度符合要求。

（3）监视冷却水流量、温度、压力和锅炉床压的变化，确定冷渣器工作是否正常。

（4）正常情况下，开启回料器或外置床至滚筒冷渣器的排灰门放细灰时，须有专人在就地监视。

（5）运行每月做"断水自动停车报警"试验一次。

（6）运行每半年校验安全阀一次。

5. 循环流化床滚筒冷渣机系统日常有哪些巡检项目？

答：循环流化床滚筒冷渣机系统巡检时需检查旋转接头泄漏，筒体窜动、托轮轴承温度、限位轮、减速机油位及运转、传动链条啮合等情况。

6. 循环流化床滚筒冷渣机旋转水接头有哪些检查项目？

答：循环流化床滚筒冷渣机旋转水接头检查项目有：

（1）检查旋转水接头密封填料，无老化破损情况。

（2）检查旋转水接头推力轴承，轴承架无破裂，滚动体无变形、剥落，转动灵活无异音。

（3）检查旋转水接头回水层，回水夹层无异物堵塞。

（4）检查旋转水接头轴上螺纹，无断扣、乱扣、明显磨损、变形。

7. 循环流化床滚筒冷渣机进渣管有哪些检查项目？

答：循环流化床滚筒冷渣机进渣管检查项目有：

（1）进渣管外观检查，管体无横、纵向裂纹，如有裂纹尤其是横向裂纹，应采取加固防护措施或更换。进渣管与内筒封头无刮碰，与封渣环无磨损。

（2）检查落渣管固定螺栓，螺栓无松动，断裂。

（3）检查落渣管支撑托架，托架稳固无晃动。

8. 循环流化床滚筒冷渣机支撑轮、限位轮有哪些检查项目？

答：循环流化床滚筒冷渣机支撑轮、限位轮检查项目有：

（1）支撑轮、限位轮转动正常，无晃动、卡涩。

（2）做好限位轮温度趋势记录（超过80℃进行更换）。

（3）支承轮轮体磨损至外径小于420mm时需更新。

（4）如支撑轮、限位轮出现明显偏磨现象，需调整支撑轮角度。

9. 循环流化床滚筒冷渣机进渣装置有哪些检查项目？

答：循环流化床滚筒冷渣机进渣装置检查项目有：

（1）封渣环无脱落、开焊，密封良好。

（2）检查封渣环的内方牙螺纹，其牙高磨损至小于10mm时需更新。

（3）根据支撑圈、支撑轮磨损减薄情况调整进渣装置高度。

（4）入口膨胀节检查，蒙皮无破损，落渣管与冷渣机入口盖板无变形。

10. 循环流化床滚筒冷渣机传动装置有哪些检查项目？

答：循环流化床滚筒冷渣机传动装置检查项目有：

（1）小链轮磨损检查，轮齿磨损超过原厚度的1/3需更换。

（2）大链轮磨损检查，轮齿磨损超过原厚度的1/3需更换。

（3）链条销轴检查，销轴无脱落，链片无脱落，链节加油脂润滑。

（4）减速箱检查，减速箱无渗漏油，油位显示在1/3~2/3区域，油质清澈。无明显异常声音，温度无异常变化。如油位过低，应加30号机油。

11. 循环流化床滚筒冷渣机内筒回水管有哪些检查项目？

答：循环流化床滚筒冷渣机内筒回水管检查项目有：

（1）内筒回水管与筒体连接焊口无裂纹渗漏。

（2）内筒回水管膨胀节焊口、法兰接合面无渗漏。

（3）定检时检查内筒回水管固定装置无变形、脱落。

12. 循环流化床滚筒冷渣机内筒支撑有哪些检查项目？

答：循环流化床滚筒冷渣机内筒支撑检查项目有：

（1）内筒支撑无脱落。

（2）内筒支撑无开焊。

（3）内筒支撑环连接无脱落及松动现象，支撑杆无变形、损坏、开焊。

（4）内筒与进水母管间的连接检查，无脱落、开焊，无明显间隙，进水母管无明显磨损伤痕。

13. 循环流化床滚筒冷渣机供、回水金属软管有哪些检查项目？

答：循环流化床滚筒冷渣机供、回水金属软管检查项目有：

（1）金属软管法兰焊口及接合面无渗漏，螺栓紧力均匀。

（2）金属软管外观出现破损、折角、鼓包、凹陷等缺陷，更换新管。

14. 循环流化床滚筒冷渣机进出料密封有哪些检查项目？

答：循环流化床滚筒冷渣机进出料密封检查项目有：

（1）检查进料密封装置是否密封严密，有无外漏现象。

（2）检查出料密封装置是否密封严密，密封垫有无破损，如有破损需更换。检查有无外漏现象。

（3）检查吸尘管道有无泄漏，有无堵塞。

15. 循环流化床滚筒冷渣机系统停运顺序是什么？

答：循环流化床滚筒冷渣机系统停运顺序是：

（1）保持进料管道阀门在开启状态。

（2）保持冷渣机进、回水管道在开启状态。

（3）保持冷渣器负压密封系统风门在开启状态。

（4）关闭滚筒冷渣器。

（5）冷却水进、出口温度一致时，关闭冷却水进、出口阀门。

（6）关闭冷渣器负压密封系统风门。

（7）冷渣器停运后，应继续监视其出、入口冷却水温度；如停运冷渣器筒体内存有热渣，禁止关闭冷却水进、出口阀门。

（8）正常状态下关闭冷渣机时，应保证冷渣机进渣阀在开启状态。

（9）运行中出现冷却水中断而相应保护未动作，应紧急停止冷渣器运行，关闭进渣阀，严禁立即向冷渣器系统进水，待筒体冷却后方可重新进水。

（10）环境温度低于5℃，应采取防冻措施。

16. 冷渣机堵渣的现象是什么？

答：冷渣机堵渣的现象：冷渣机冷却水入、出口温差减小，锅炉料层居高不下。如果是因冷渣机漏水而堵渣，还可发现大量气体从冷渣机的入口和出口排除。

17. 冷渣机堵渣的原因是什么？

答：冷渣机堵渣的原因：炉渣颗粒过大；进入大量异物卡塞；冷渣机内部漏水。

18. 冷渣机堵渣，如何处理？

答：冷渣机堵渣的处理方法：若要彻底处理冷渣机堵渣问题，必须解决煤的破碎问题；若只是暂时处理堵渣，可打开端板进行人工疏通（端板通常需要气割才能拆下）；对于内部漏水，则需要对冷渣机进行查漏，并进行补焊或封堵处理。

19. 冷渣机端板漏渣、漏灰的现象是什么？

答：冷渣机端板漏渣、漏灰的现象：自冷渣机端板的动静连接处泄漏，开始为漏灰，严重时漏渣。

20. 冷渣机端板漏渣、漏灰的原因是什么？

答：冷渣机端板漏渣、漏灰的原因：滚筒上定位圈的定位轴承磨损或损坏，导致滚筒沿中心线向出渣口处移动。

21. 冷渣机端板漏渣、漏灰，如何处理？

答：冷渣机端板漏渣、漏灰的处理方法：修复该轴承或者将与检修孔相连的放渣室向前移动，保证动静部分的最佳配合。

22. 冷渣机滚筒内部漏水的现象是什么？

答：冷渣机滚筒内部漏水的现象：冷渣机排渣不畅，严重时发生堵渣现象，并在进渣口与出渣口有蒸汽喷出。这种漏水一是影响渣的稳定性，导致渣的活性丧失，影响综合利用；二是在锅炉煤未完全燃烧而被放到冷渣机内时可能会发生严重的化学爆炸。

23. 冷渣机滚筒内部漏水的原因是什么？

答：冷渣机滚筒内部漏水的原因：换热管被炉渣磨漏或因制造质量问题。

24. 冷渣机滚筒内部漏水，如何处理？

答：冷渣机滚筒内部漏水，处理时视漏点情况而定：焊接方便的漏点可以进行补焊，漏点较远的可将所漏的换热管进行封堵。

25. 冷渣机滚筒外部漏水的现象是什么？

答：冷渣机滚筒外部漏水的现象：滚筒外能看见明显的水印或水线，通常发生在定位圈或支撑圈的调整件位置，这会对环境和附近电器设备造成影响。

26. 冷渣机滚筒外部漏水的原因是什么？

答：冷渣机滚筒外部漏水的原因：一是运行中筒体膨胀产生热应力将筒体撕裂；二是制造质量导致。

27. 冷渣机滚筒外部漏水，如何处理？

答：冷渣机滚筒外部漏水的处理方法：可将冷渣机停运，泄去内部壳程水压后进行焊补。

28. 冷渣机轴封漏水的现象是什么？

答：冷渣机轴封漏水的现象：滚筒轴封处或出渣口能看见明显的

水印或水线。轴封漏水会影响排渣口的正常下渣，影响渣的活性，并造成一定的环境和经济影响。

29. 冷渣机轴封漏水的原因是什么？

答：冷渣机轴封漏水的原因：填料磨损或筒体中线不同心。

30. 冷渣机轴封漏水，如何处理？

答：冷渣机轴封漏水的处理方法：改善机械密封结构或更换填料；对于筒体中心线不同心的在原始试车前就能够发现，这种情况作返厂处理。

31. 冷渣机事故渣门失控的现象是什么？

答：冷渣机事故渣门失控的现象：冷渣机虽已停运，但锅炉料层差压持续降低，现场就地排出大量炙热炉渣，这会影响锅炉负荷和稳定燃烧，严重时会导致停炉。

32. 冷渣机事故渣门失控的原因是什么？

答：冷渣机事故渣门失控的原因：冷渣机事故，放渣门损坏。

33. 冷渣机事故渣门失控，如何处理？

答：冷渣机事故渣门失控的处理方法：使炉渣缓慢自流堆积直至将放渣口自然淤堵，组织人员将渣门关闭，这种情况基本能够实现不停炉处理。若在炉渣尚未堆积到事故放渣口时而喷出炙热烟气，则只能作停炉处理。

34. 冷渣机爆炸的现象是什么？

答：冷渣机爆炸的现象：冷渣机发生物理或化学爆炸，导致冷渣机端板、进渣斗连同渣室一起被炸飞，筒体及支架整体向另一方向飞出，与冷渣机相连接的管线被撕断，基础螺栓被拔出，锅炉放渣管及放渣电动阀被炸弯或炸碎，高温炉渣迅速从放渣管喷出。这种情况下的冷渣机只能报废。

35. 冷渣机爆炸，如何处理？

答：冷渣机爆炸的处理方法：
（1）预防为主：操作上一定要按照规程操作。

（2）顺序不能颠倒：进渣前，开进水阀筒体放气后，再打开出水阀并且保持全开，用进水阀调节水温；冷渣机停机前要先停渣；寒冷地区长时间停用冷渣机时需将积水放净，以免冻裂；严禁在未通冷却水的情况下将高温炉渣排放到冷渣机内。

36.冷渣机进渣自流，如何处理？

答：冷渣机进渣自流的处理方法：
（1）轻微时降低冷渣器转速。
（2）严重时停止冷渣器运行。

37.冷渣机冷却水超温超压，如何处理？

答：冷渣机冷却水超温超压的处理方法：
（1）确认冷渣器停止运行。
（2）严禁在原因不明的情况下，强行通水冷却冷渣器。
（3）查找原因并处理。

参考文献

［1］杨伦，谢一华. 气力输送工程. 北京：机械工业出版社，2006.

［2］原永涛. 火力发电厂气力除灰技术及其应用. 北京：中国电力出版社，2002.

［3］崔功龙. 燃煤发电厂粉煤灰气力输送系统. 北京：中国电力出版社，2005.

［4］程克勤，陈宏勋. 气力输送装置. 北京：机械工业出版社，1993.

［5］除灰与环保设备/中国华电工程（集团）有限公司，上海发电设备成套设计研究院组编. 大型火电设备手册：除灰与环保设备. 北京：中国电力出版社，2009.

［6］黎在时. 电除尘器的选型安装与运行管理. 北京：中国电力出版社，2005.

［7］中国环境保护产业协会电除尘委员会. 电除尘器选型设计指导书. 北京：中国电力出版社，2013.

［8］全国环保产品标注化技术委员会环境保护机械分技术委员会. 电除尘器. 北京：中国电力出版社，2011.

［9］孙熙. 袋式除尘技术与应用. 北京：机械工业出版社，2004.

［10］邱鹤年，等. 新编钢结构设计手册. 北京：中国电力出版社，2005.

［11］申冰冰，等. 新编实用五金手册. 北京：机械工业出版社，2010.

［12］陈昌海，刘波，李中华. 正压浓相气力输灰技术在锅炉除尘系统中的应用. 工业锅炉，2009，（2）：36-37.

［13］谢德宇. 飞灰正压浓相气力输送技术的应用. 上海电力学院学报，2000，16（3）：42-48.doi：10.3969/j.issn.1006-4729.2000.03.008.

［14］段玖祥，王华伟，霍鹏. 徐州电厂正压浓相气力输灰系统. 电力环境保护，2003，19（4）：40-42.

［15］马雷，向洪俊. 利港电厂正压浓相气力输送技术应用. 上海电力学院学报，2007，23（1）：12-15.

［16］费红先. 正压浓相气力输灰系统故障原因及处理方法. 湖州师范学院学报，2009，（S1）：244-247.